KB078941

어쭈구리 식물 좀 하네

어쭈구리 식물 좀 하네

안혜진 지음

식물 집사 네컷

netmaru

오늘의 취미는 내일의 희망이 된다

돌아보면 일과 진로에 대한 고민을 쉬었던 적이 없다. 실용음악을 전공해 재즈 피아노를 배운 나는 30대 중반이 되자 연차만 쌓인 영어 입시 강사가 되어 있었다. 학생들에게 억지로 공부를 시켜야 하는 일에 피로감과 지루함을 느끼고 있었다. 그러다 문득 '죽을 때까지 영어 강사로 살아야 하나?'라는 생각이 스쳤다. 순간 아찔했지만 곧바로 또 다른 생각들이 꼬리에 꼬리를 물고 찾아왔다. '이거 아니면 뭐 먹고 살 거야? 그렇다고 십 년 뒤에도 영어 강사를 할 수는 있나? 못 하면 뭐 먹고살지? 나는 언제까지 일할 수 있을까?' 영어 입시 강사로서의 쓰임도 그 기한을 장담할 수 없었다.

불안했던 나는 미국에서 살아본 경험과 미드를 좋아한다는 자부심으로 영어 번역가의 길을 알아봤다. 부지런히 쏘다니며 번역 수업을 듣고 영어 공부를 이어갔다. 과제를 하느라 밤을 홀딱 새우는 날도 부지기수였다. 운이 좋아 번역 일을 시작했지만 어느새 몸은 과로에 시달리며 점점 병들어 갔다. 거대한 벽을 마주한 기분이 이어지던 어느날, 여느 때처럼 번역 공부를 하기 위해 구매한 잡지에서 식물과 함께 살아가는 사람들의 일상을 보게 되었다. 그때부터 나는 '식물'이라는 존재에 마음을 빼앗기고 말았다.

취미로 키우기 시작한 식물은 어느새 밥벌이가 되어 있었다. 나는 오랜 기간 강사와 식물 일을 투잡으로 하며 각각의 직업이 꽤나 괜찮은 일이라는 걸 깨달았다. 아침부터 푹푹 찌는 한여름에 비닐하우스를 오가며 식물과 돌자루를 나르는 날에는 영어 강사가 얼마나 좋은 일인지 깨달았다. 오후에 학원에 출근하여 시원한 에어컨 아래서 아이스커피를 쭉쭉 들이키고 있으면 '영어 학원 절대 그만두지 말아야지'라고 다짐했다. 반대로 하기 싫어하는 공부를 억지로 해야 하는 학생들과 계속 실랑이를 벌이다 보면 '식물 일 하기를 잘했어 진짜. 이건 내가 노력한 만큼 돌아오기라도 하잖아'라는 마음이 들었다.

지금은 식물 일만 하며 먹고산다. 어느 정도 안정된 수입을 보장해 주는 강사 일을 과감히 내려놓기까지는 꽤 오랜 시간이 걸렸다. 식물로 꾸준히 수입을 낼 수 있는지 스스로에게 증명해야 했기 때문이다. 혼자서 모든 일을 결정하고 책임지는 것이 이렇게 무거울 줄은 몰랐다. 물론 지금도 막막하지만 오래오래 식물 일을 하고 싶어서 글도 쓰게 되었다.

책을 쓰다가 덜컥 겁이 나기도 했다. SNS에 올린 글은 삭제 버튼을 누르면 그만이지만 책은 평생 남지 않는가. 두려운 마음이 크지만 이 과정을 통과해야 다음 단계로 나아갈 수 있다는 이상한 확신이 든다.

어리지도 늙지도 않은 30대라는 나이에 우연히 찾은 취미로 먹고살 궁리까지 하게 된 이야기를 책에 실었다. 식물을 키우고 함께하다 보니 좋은 습관이 생기고 기분 좋은 루틴이 반복되었다. 식물을 통해 쌓은 긍정적인 기운으로 조금씩 새로운 일에 발을 내딛었다. 나를 앞으로 나아가게 하는 것은 절망이 아닌 희망이기에, 바로 그 희망에 집중해서 글을 썼다. 이 책을 읽는 독자 중에 '나도 한 번 도전해 볼까'라는 결심을 하게 된다면 나 역시 온 마음을 다해 응원하리라. (주먹 불끈) 화이팅!

차례

프롤로그

오늘의 취미는 내일의 희망이 된다 • 4

1 식물 킬러의 탄생

30대에는 누구나 이직을 꿈꾸지 • 15
내가 꽃을 사다니 • 18
초록 쇼핑의 시작 • 20
식물 킬러의 탄생 • 22
투잡, 한 번 해볼까? • 24
식물 킬러의 야심찬 도전 • 27
식물 킬러 내 탓 or 네 탓? • 30
너무 애쓰지 말자 • 32

2 식물 킬러 대탈출기

식물 킬러의 루틴 • 41

유혹하는 식물과 금손들의 속삭임 • 44

식물 가게 말아먹는 상세 페이지 • 46

영원한 킬러는 없다 • 48

이것만 알면 킬러 탈출 • 52

식물 킬러에게 처방하는 식물 • 54

식물 집사 레벨업하기 • 58

40대 덕질일기 • 62

3 어쭈구리, 식물 좀 하네

내 취향 찾아 삼만리 • 71

좋아하는 식물 수형을 찾다 • 74

청량미 가득한 수경식물 • 76

식물은 화분빨? • 78

이럴 땐 이 흙! • 80

장비는 뭐가 있나 • 84

식물의 베프, 조명 • 88

1인 가구 이대로 괜찮은가? • 92

4 식물과 친한 척하기

잎을 자랑하는 관엽식물 • 101
물이 많아서 다육식물 • 115
촉촉함을 좋아하는 양치식물 • 125
향과 맛이 있는 허브식물 • 133

5 식물과 함께하니 조쿠려

초대 받지 않은 손님, 해충 • 141
엄마의 시크릿 가드닝 • 145
식물과 신뢰 쌓기 • 148
가끔은 식물에게 기대어 볼까 • 150
식물도 노력 중 • 152
식집사의 낭만 가득한 오후 • 156

6 우리 집 실내 정원 만들기

선인장 테라리움 • 162
이끼볼 화분 • 170
이끼 테라리움 • 180
월플랜트, 포켓 목부작 • 184
그린 테라리움 • 190

7 5개월 할부 식물 여행
- 미국 동부에서 캐나다 퀘백까지

내 친구의 집은 어디인가 • 201
살고 싶은 가게 • 208
국경을 넘다 • 211
몬트리올 식물원 • 214
이사벨라 스튜어트 가드너 뮤지엄 • 220
꿈의 가게 • 224

8 식물은 사람을 키운다

시작은 이끼 농부 • 234
타인의 정원을 생각하는 하루 • 244
왼손에는 꽃, 오른손엔 식물 • 252

에필로그

브랜딩은 B선생님께 배웠습니다 • 260

식물 킬러의 탄생

WILD AT HOME
WILD AT HOME

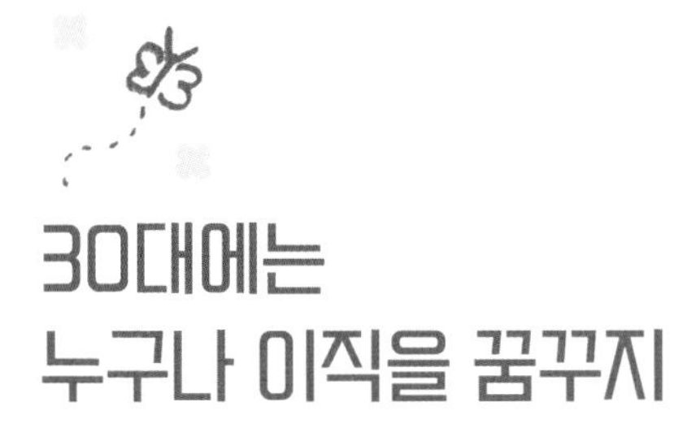

30대에는 누구나 이직을 꿈꾸지

영어 학원 강사로 일하며 번역가 준비를 하던 때였다. 번역 공부를 하겠다고 영어와 한글이 병행 표기된 잡지를 구매한 적이 있다. 미국 포틀랜드 도시를 다룬 매거진이었는데, 인터뷰에 응한 사람들의 사진이 인상적이었다. 인터뷰를 진행한 가정집이나 직장에 식물이 많았고, 사람들은 식물에 둘러싸여 있었다. 분명 직업과 생활 공간이 제각각 다름에도 그들의 곁에는 놀랄 정도로 식물이 많았다. 잡지에 나오는 사람들의 표정은 하나같이 여유가 묻어났다.

'행복해 보이네.'

잡지에 실린 사람들은 회사원, 작가, 디자이너, 타투이스트, 자전거 매장 직원 등 직업이 다양했다. 다양한 삶을 존중해주는 도시에서 만족하며 살고 있다는 인터뷰 내용이 마치 동화처럼 낭만적이었다.

나는 자연과 숲, 도시가 어우러진 포틀랜드에
지금 당장 갈 수 없다면 비슷하게라도 살아보고 싶었다.

우선 휴대폰을 켜고 내 주변의 꽃집을 검색했다. 꽃집은 내가 매일 지나치는 건물 2층에 있었다. '그 건물에 꽃집이 있었나?' 반신반의하며 건물에 들어서자 꽃집 상호가 눈에 띄었다. 꽃집은 2층 어느 미용실 옆 한쪽 코너에 자리하고 있었다. 나는 조심스럽게 들어가 꽃 냉장고 앞을 기웃거렸다. 그리고 사장님에게 운을 뗐다.

"집에 꽂아 둘 꽃을 사고 싶어요."

나는 이 말을 시작으로 여러 가지 꽃을 골랐다. 정말 오랜만에 구매한 꽃다발을 한아름 안고 집으로 돌아왔다. 그런데 지금 생각해보면 당시 내 행동이 좀 우스꽝스럽다. 잡지에서 본 건 '식물'인데, 나는 '꽃'을 산 거다. 식물이 꽃이라고 느낀 것일까.

내가 꽃을 사다니

매일 꽃 사진을 찍었다. 당시 말로 '소확행'이었다. 꽃을 보고 있으면 나도 반짝이는 것 같았다. 나는 그 꽃집의 단골이 되었고, 화병 꽃꽂이 수업도 들었다. 예쁜 유리병에 꽃을 꽂으며 선생님과 이런저런 이야기를 하다 보니 기품 있고 우아한 사람이 된 기분이었다. 그날 이후로 꽃에 대해 더 알고 싶어졌다. 다양한 꽃을 보고 싶어서 강남 꽃시장을 다니기 시작했다. 시장에서 돌아와 거실에 사온 꽃들을 풀어 헤쳐 두는 순간이 하루 중 제일 행복했다. 우리 집은 꽃밭이 되고 있었다.

얼마 뒤 집에 온 지 일주일도 안 된 꽃들이 모두 휴지통으로 가는 루틴이 생겼다.

'내가 지금 뭘 하는 거지?'

싱싱한 꽃들이 시드는 모습을 보고 있으면 정말 마음이 아팠다. 그래도 꽃이 좋아서 꽃시장을 계속 오갔다. 한여름에는 꽃이 더위 때문에 시들지 않도록 에어컨을 켜둔 채 외출하기도 했다. 조금이라도 더 오래가는 꽃을 알아내려고 우리 집 휴지통에 누가 꼴등으로 도착하는지 눈여겨봤다. 마지막 주자는 소량으로 샀던 이파리들이었다.

꽃시장에서 '소재'라 불리는 식물 잎이
제일 오래 살아남았다.

초록 쇼핑의 시작

내가 처음 꽂힌 소재는 대형 '셀럼'이다. 셀럼과의 첫 만남은 강렬했다. 꽃집에 들른 어느 날, 셀럼은 화려한 꽃들 사이로 혼자 우두커니 유리병에 꽂혀 있었다. 선반 꼭대기에서 혼자 넓은 잎자락을 뽐내며 이국적인 분위기를 자아내고 있었다.

'사장님, 저건 뭐예요?'

'아, 이건 셀럼이에요.'

'살게요. 너무 멋있어요.'

집에 있던 대형 유리 화병에 왕건이 잎을 꽂아 두자 내 방이 순식간에 휴양지로 바뀌었다. 그날 이후로 나는 꽃이 아닌 소재에 빠져들었다. 꽃은 길어야 일주일인데, 소재는 2주도 넘게 처음 모습 그대로를 유지했기 때문이다. 그때부터 꽃은 조금만 사고, 소재들을 왕창 샀다. 코끝이 시원해지는 '유칼립투스' 잎부터 이국적인 분위기의 '몬스테라' 잎과 시원하게 뻗은 '아레카야자' 잎 그리고 '보스턴 고사리' 잎은 단골 메뉴였다. '드라세나'는 유리병에 넣고 열흘 정도 지나자 뿌리가 나와 너무 신기했다. 지금도 우리 집에는 수경재배로 키우는 몬스테라가 살고 있다.

하지만 소재들도 2주가 지나자 시들기 시작했다. '안 돼, 제발 가지 마…' 다시 휴지통으로 직행하게 된 인스턴트 식물들은 나를 슬프게 했다. 너무 아쉬운 나머지 휴지통에 소재들을 버리는 내 동작이 느려질 정도였다.

또다시 회의감이 스멀스멀 올라오려는 순간, 꽃시장에서 포트에 심긴 보스턴 고사리를 발견했다. '어? 이건 뭐지? 이국적인데? 예쁘다!' 그렇게 보스턴 고사리와 나는 극적인 만남을 가졌다. 너무 신이 나서 당장 화원으로 가고 싶었다. 나는 서둘러 꽃시장을 나왔다.

'꽃시장아 안녕~ 잘 있어! 그동안 고마웠어.
자 이제 화원으로 출동이다!'

식물 킬러의 탄생

나는 집 주변에 있는 화원을 찾기 시작했다. 광기 어린 취미 생활이 다시 시작된 것이다. 검색해 보니 화원이 아주 많았다. 차로 10분 거리에 10여 개가 넘는 화원이 있었다. 그 당시 늦여름이라 화원은 비수기였지만 나는 갈 때마다 처음 보는 식물을 네다섯 개씩 집어 왔다. 마치 무언가에 홀린 사람처럼. 아마 봄부터 식물 덕질을 시작했다면 순식간에 통장은 '텅장'이 되었을 것이다. 베란다와 거실에 식물을 하나둘 채우다 보니 발 디딜 틈이 없어졌다. 방도 마찬가지였다. 그런데 2~3주가 지나자 식물이 죽어 나가기 시작했다.

'이상하네... 3~4일에 한 번씩 물을 줬는데 왜 죽지?'

내가 아끼던 유칼립투스가 시들었을 때는 너무 속상했다. 인터넷에서 '유칼립투스 키우는 법'을 부지런히 검색했다. '유칼립투스는 물을 좋아하지만 과습은 안 돼요', '물을 적당히 주세요'라는 애매모호한 말들은 도움이 되지 않았다. 식물은 이런 답답한 내 마음을 아는지 모르는지 그저 꾸준히 죽어 나갔다.

'아, 도저히 안 되겠다! 책을 사서 보자!' 인터넷 서점에서 수많은 식물 책을 주문했다. 택배가 도착하자마자 신나게 상자를 뜯었다. 책 표지부터 마음에 쏙 들었다. 글이 술술 읽혔다. 이런 책을 쓰는 사람들은 어떤 사람일까 문득 궁금해져 저자 소개를 다시 읽어 봤다. SNS도 하나씩 둘러봤다. 그중 한 사람은 3개월 과정의 전문가반 식물 수업을 운영하고 있었다. 그냥 취미로 식물을 키우고 싶은 나로서는 부담스러웠다.

'취미반이 없네. 가볍게 배우고 싶은데...'

며칠 후 피드에 공지가 하나 올라왔다. '전문가반 설명회'를 한다는 것이었다. '설명회?!' 다시 호기심이 발동했다. 참가비 1만 원에 차와 간식까지 준다고 하니 꽤 괜찮은 거래였다. 수업을 듣지 않더라도 궁금한 점 몇 가지는 해소하고 올 수 있을 것 같았다. 나는 바로 신청을 했다. 설명회 날이 마침 휴가 마지막 날이어서 날짜도 시간도 딱 맞았다.

투잡, 한 번 해볼까?

설명회 당일이 되자 마치 기다렸다는 듯 귀차니즘이 바이러스처럼 온몸에 퍼져 나갔다 '아, 가지 말까? 공짜면 진작에 안 갔을 텐데. 어떡하지...' 하지만 나는 서서히 날 지배하려는 귀차니즘을 물리치고 용기 있게 발걸음을 뗐다. '아냐, 낸 돈 아까우니까 한 번 가 보자!'

지하철에서 내려 시계를 보니 모임 시간이 몇 분 지나 있었다. 나는 짧은 다리를 재촉하며 서둘러 목적지로 향했다. 어두컴컴한 골목길에 은은한 조명으로 거리를 밝히는 작은 식물 가게가 보였다. 가게에 들어서니 이미 서너 명이 앉아 기다리고 있었다. 우리는 차와 쿠키를 가운데 두고 둘러앉았다.

가게의 분위기는 너무 좋았다. 식물이 가득한 공간에 생기가 넘치고 있었다. 선생님은 어떻게 창업을 시작했는지, 현재 어떤 일을 하고 있는지 차분히 설명해 주었다. 예쁜 식물이 가득 차 있는 공간의 주인인 선생님이 내심 부러웠다. 별생각 없이 가벼운 마음으로 집을 나섰던 건데, 설명회가 진행될수록 빨리 수업을 듣고 싶다는 생각이 들었다.

편안한 분위기 덕분인지 설명회에 참석한 사람들은 자연스레 서로의 이야기를 털어놓기 시작했다. 꽃과 식물이 너무 좋아서 회사에서도 짬을 내어 식물을 돌보는 사람, 회사 일이 너무 힘들어서 그만두고 식물 관련 일을 해 보고 싶은 사람 등 그들의 이야기에 나도 공감이 됐다. 그리고 불현듯 이런 생각이 떠올랐다. '평일 오후와 저녁에 강사 일을 하니까, 평일 오전이나 주말에는 다른 일을 해봐도 되지 않을까? 투잡으로 해도 되잖아.'

설명회가 끝나고 가게를 찬찬히 둘러봤다. 난생 처음 보는 신기한 식물들로 가득했다. 화원에서는 느끼지 못한 또 다른 차원의 식물 세계였다. 고급스러운 유리 화기에 담긴 식물들은 굉장히 우아했다. 덩달아 가격도 고급스러웠다. '우와, 이렇게 비싸다고?' 10만 원이 훌쩍 넘는 가격표를 보고 내심 놀랐다. '식물은 얼마 안 하는데 화기나 식물 디자인 때문에 비싼건가? 이거 3개만 팔아도 돈이 얼마야?' 혼자 속으로 '돈돈'거리며 구경을 이어갔다. 신기하고 진귀한 식물부터 아름다운 소품까지 안 예쁜 게 하나도 없을 정도로 이곳은 나에게 신세계였다.

가게 한쪽에는 전시가 진행되고 있었다. '가게에서 전시도 하네. 진짜 너무 멋있다. 여기서 배우고 싶어!' 선생님께 배울 게 무궁무진해 보였다. 가게에 혼자 남아 실컷 구경하고 선생님에게 인사를 하고 나왔다.

영어 강사를 그만두고 번역가가 되기 위해 공부를 하던 중이었는데, 이참에 식물을 배워 뭐라도 해 볼까 싶었다. 우리 동네에는 이런 식물 가게가 없으니 내가 직접 해 보고 싶다는 생각이 들었다. 화분 배달만 다녀도 괜찮을 것 같고. 혼자 상상의 나래를 펼쳤다.

식물 킬러의 야심찬 도전

집으로 향하는 지하철을 타면서 '어떻게 하면 식물로 돈을 벌 수 있을까?'라는 생각이 머릿속에 둥둥 떠다녔다. 나는 다음 날 꽃집을 하는 지인을 찾아가 경험담을 들었다. 들어보니 꽃과 식물을 배워 가게를 차리면 밥은 먹고 살 수 있을 것 같았다.

'그래, 해보자. 뭐든 해봐야 알지.
해보지도 않고 어떻게 알아.'

3주 뒤면 식물 수업 개강이었다. 나는 설명회 일주일 후 식물 가게를 다시 방문해 수업료를 결제했다. 수업료는 내가 상상한 것 이상으로 비쌌지만 5개월 할부로 스스로 마음의 짐을 덜어 보았다. 열심히 배워서 나중에 화분 배송만 해도 원금 회수(?)는 충분히 가능할 것 같았다.

9월 초 드디어 식물 수업이 시작됐다. 수업 첫날 너무 설렜는지 알람이 울리기도 전에 눈이 번쩍 떠졌다. 늘어지기 좋은 주말 아침 일찍부터 일어나 운전을 해야 하는데도 그렇게 즐거울 수가 없었다. 시간이 지날수록 수업은 더 흥미로웠고 내 마음은 식물로 가득차고 있었다. 매주 새로운 식물 종류와 식재 방법을 배우면서 식물에 대한 호기심도 더 늘어났다. 화분을 고르는 재미도 있었다.

식물을 화분에 심는 게 '끝'이라고 생각했는데
그게 아니었다. '시작'이었다.
식물이 있는 세상은 내가 생각한 것보다 훨씬 크고 넓었다.

식물을 좋아하는 사람들과 어울려 수업을 듣다 보니 시간도 빠르게 흘러갔다. 직업도 사는 동네도 나이도 달랐지만 점점 서로의 마음을 터놓을 수 있게 되었다. 지금도 때때로 수업 동기들과 만나 맛있는 음식을 먹으며 서로의 일상을 공유하고 있다. 어른이 되고 나서 마음 맞는 사람을 만난다는 게 얼마나 큰 행운인지 잘 알고 있다.

식물을 알게 되면서 내 삶이 조금씩 달라졌다. 하고 싶은 일도 많아지고 가고 싶은 곳, 보고 싶은 것들도 많아졌다. 나도 잘 모르던 내 성향과 취향도 발견했다.

'식물로 할 수 있는 게 정말 많네!'

식물 킬러 내 탓? or 네 탓?

유칼립투스에 푹 빠져있던 시기에는 유칼립투스를 종류별로 다 사들였다. 그리고 하나도 빠짐없이 다 죽였다. 유칼립투스는 비염에 좋으니 침실 머리맡에 두고 키우면 좋다는 어느 인터넷 장사꾼의 말을 그대로 믿은 대가였다. 햇빛도 들지 않는 내 침실에서 잘 자랄 리 없었다. 내가 그렇게 죽인 유칼립투스들을 생각하면 지금도 미안하고 창피하다.

요즘은 희귀 야생 초목과 분재가 인기다. 내가 식물 킬러였을 때도 마찬가지였다. 선이 아름다운 식물들은 SNS 단골 손님이다. 가느다랗고 여리여리한 줄기가 길게 뻗은 야생화나 작은 나무 사진이 많다. 떨어질 듯 말 듯한 잎이 서너 장 달린 식물들은 정말 우아해서 눈을 뗄 수가 없다. 나 역시 그런 식물에 혹해 이름도 모른 채 냅다 집어 들고 집으로 데려온 적이 있다. 한 폭의 수묵화 같기도 한 야생화 나무들을 해가 장시간 들지 않는 실내에 데려다 놓았다. 당연히 결과는 같았다. (이들도 떠나보냈다.)

야생 초목이나 분재는 좀 더 섬세하고 숙련된 솜씨를 갖추어야 오랫동안 잘 키울 수 있다. 겉모습에 반해 내 공간을 빛내 보겠다는 본능이 앞서다가는 식물을 떠나보낼 확률이 매우 높다.

우아한 식물 앞에서 당장 차오르는 구매욕은 잠시 내려놓고, 내 눈앞에 반짝이는 이 식물의 원산지는 어디인지, 어떤 환경에서 잘 자라는지 알아보려는 노력이 필요하다. 식물을 좋아하는 만큼 생명을 존중해줘야 한다.

나에게는 소나무 분재가 하나 있다. 글을 쓰다 생각나서 평안하신지 보고 왔다.

'안 집사 열심히 할게요.'

#너무 애쓰지 말자

나의 20대는 감정 소비가 많았다. 돌이켜보면 내 사춘기는 그때였던 것 같기도 하다. 특히 이성 관계에 감정을 많이 쏟았는데, 남자친구가 나를 좋아하지 않으면 어쩌나 전전긍긍했다. 그때는 다른 사람한테 사랑받지 못하면 큰일이 나는 줄 알았다. 물론 우리는 사랑과 관심 없이 살아갈 수 없는 연약한 존재지만, 일단은 내가 나를 인정하고 사랑하는 게 우선되어야 한다는 걸 알면서도 잘 몰랐다.

30대 중반까지는 무언가를 이루기 위해 치열하게 살아왔다. 보이지 않는 누군가와 경쟁하거나 옆에 있는 사람과 경쟁했다. 남보다 뛰어난 모습을 과시해야 하는 시스템 속에 적응하려고 애쓰며 살아왔다.

나는 학원 강사로 안정된 수입을 벌고 있었지만 어느날 문득 허전한 마음이 들었다. 마치 내 옷이 아닌 옷을 입고 있는 것 같았다. 학생들에게 공부시키는 일을 오래 하다 보니 회의감이 자주 들었다. 좀 더 주체적인 일을 하고 싶어서 번역에 관심을 가졌다. 번역은 강사 일보다 확실히 내가 주체가 될 수 있었다.

번역을 공부하며 얻은 스트레스는 달달한 간식으로 풀었다. 그랬더니 살이 8킬로 가까이 찌고 이석증을 앓게 됐다. 계속 이렇게 살고 싶지 않았다. 몸도 마음도 많이 지쳐 있었다. 꾸준하게 열심히 해도 잘하지 못할까 봐 걱정이 되기 시작했다. 잘하는 사람들이 눈앞에 보이면 나는 더 작아졌다.

'난 특출나게 잘하는 게 없네.'

나는 사실 어느 것 하나 뚜렷하게 잘하는 사람은 아니다. 그렇지만 재미있으면 꾸준히 한다. 비록 속도가 느리더라도 말이다. 지금은 다행히 재미있는 식물 일을 찾았다. 빠르게 성장하지는 못하더라도 오랫동안 이 일을 하고 싶다.

식물을 돌보고 식물을 만지면서 나의 내면에 집중하는 루틴을 갖게 되었다. 마음이 심란하고 머릿속이 복잡할 때 식물을 바라보고 있으면 내면이 고요해졌다.

숲 냄새가 나는 흙을 만지고 오래된 흙을 털어내고 상한 잎과 가지를 잘라주다 보면 어느새 내 마음속에 있던 찌꺼기도 함께 후두둑 떨어져 나갔다. 흙이 바짝 말라 있는 식물에 물로 샤워를 시켜주다보면 내 마음속 불순물도 같이 씻겨 내려갔다. 식물을 돌보는 과정에는 분명 좋은 기운이 있다.

식물이 무럭무럭 잘 자라주면 식물한테 고맙기도 하지만, 부지런히 움직인 내 공도 있다는 생각에 스스로 뿌듯해졌다. 수고를 들여 물을 주고, 집 안 환기를 시켜주고, 때로는 필요한 영양제까지 챙겨주면서 무언가를 잘 돌보고 있다는 점에서 작은 성취감을 느꼈다. 식물에 대한 자신감도 생겼지만 나 자신에 대한 긍정의 영역들이 점차 확장됐다.

내가 좋아하고 또 잘할 수 있는 일을 찾은 것, 이것은 엄청난 행운이라 생각한다. 나는 그동안 부지런히 시행착오를 겪었다. 좀 더디더라도 좋아하는 일을 찾기 위해 용기를 내려고 노력했다. 그리고 마침내 식물을 통해 보상받은 기분이다.

돌아보면 식물 일을 시작한 뒤로 매월 수입이 불안정했다. 앞으로도 그럴 것이다. 그럼에도 계속 이 일을 놓지 않는 이유는 좋아하는 일을 하다 보니 일에 집중도 잘 되고 매일이 값지게 느껴지기 때문이다.

90세 할머니가 돼서도 식물과 함께
재미나게 사는 상상을 해본다.

식물 킬러 대탈출기

Go Out!!

식물 킬러의 루틴

식물을 제대로 알기 전에는 식물을 키우기 가장 좋다는 남향 창가에서도 식물을 '올킬'했다. 관엽식물, 다육식물, 선인장, 수경재배 식물까지 어느 식물도 소외되지(?) 않게 골고루 죽였다.

10년 전 내가 쓴 싸이월드 일기장이나 페이스북을 열어보면 식물을 사고 싶다는 글이 있다. 일하는 책상이나 창가에 식물을 두고 키운 사진도 남아 있다. 뭐든 꾸준히 규칙적으로 하면 발전하고 성장하기 마련인데 식물 키우는 일만큼은 그렇지 못했다. 꾸준히 성실하게 물을 준 것이 실패의 원인이었다.

내 경험을 떠올려 가정해 보면 이렇다. 들뜬 마음으로 화원에 들러 식물을 사들인다. 3~4일에 한 번씩 물을 주면 된다는 화원 사장님의 말을 진리로 받들어 꼬박꼬박 물을 준다. 물론 '물은 언제 줘요?'라는 나의 '답정너' 질문이 문제의 발단이다. 봄철 장사로 1년 매출을 뽑아야 하는 사장님은 모든 손님에게 매번 반려 식물 키우기 강의를 할 시간이 없다. 서로의 불편한 상황을 빨리 종료할 수 있는 '3~4일에 한 번'이라는 마법의 주문은 화원에 가본 사람이라면 한 번쯤은 들어봤을 말이다.

계절이나 환경에 상관없이 규칙적으로 물을 공급받은 식물은 뿌리가 과습이 된다. 과습으로 썩은 뿌리는 적절한 물과 양분을 줄기로 올려보내지 못한다.

결국 잎은 물과 양분을 공급받지 못해 축 처지면서 타들어 간다. 그 모습을 본 초보 식집사는 '그래, 이때야!'라는 착각을 하고 식물에 '또' 물을 준다. 이런 루틴이 반복되다 보면 식물을 들인 지 2~3주가 지날 즈음에 식물은 무지개다리를 건넌다. 식물이 떠난 빈 화분은 베란다나 집안 구석 어딘가에 몇 달 방치돼 있다가 결국 애물단지가 되어 분리수거장으로 간다.

물 주기를 어느 정도 파악한 지금의 나도 식물을 죽인다. 관리해야 할 식물이 너무 많아서다. 식물이 다섯 개 안쪽으로 있다면 그래도 키우기 쉽다고 당당하게 말할 수 있다. 하지만 집과 작업실에 백여 개의 식물이 상주해 있다 보니 물을 주는 것만으로도 벅찰 때가 많다.

'귀찮지만 좋고, 까다롭지만 잘 키우고 싶다.

내 마음은 뭘까..'

유혹하는 식물과 금손들의 속삭임

식물 키우기에 자신감이 붙은 초창기에는 쉬운 식물보다 예쁜 식물에 관심이 갔다. 나는 유명한 금손 식물 집사의 SNS 계정을 '눈팅'하며 갖가지 식물에 꽂히기 시작했다. 수형이 예쁜 야생 초목, 호주와 뉴질랜드산 야생화, 외국에서 수입되는 희귀 식물 사진을 보고 있으면 다 사고 싶었다. 딱 봐도 비싸 보이는 식물을 찜해 두고 식물 이름을 알아낸 뒤 검색창에 이름을 두드려 봤다. 좀 더 싸게 살 방법을 궁리하여 소위 득템을 하기도 했다.

대중적인 식물이 아닌 경우에는 키우는 방법을 찾기가 쉽지 않았다. 금손들이 SNS에 올려둔 인기 식물 게시글에서 관리법이나 설명은 찾아보기 힘들었다. 온라인 스토어도 뒤졌다. 하지만 상세 페이지에는 식물을 어떻게 키워야 하는지 자세히 나와 있지 않아 꽉 막힌 고속도로처럼 마음 한구석이 답답했다. 실내에서 키우기 어려워 보이는데, 도대체 어느 정도의 빛과 습도가 필요한지에 대해서는 애매한 이야기들뿐이었다. '직간접광이나 적당한 양지나 반양지'라는 말은 머릿속에 물음표 하나를 더 추가해줬다.

식물 가게 말아먹는 상세 페이지

이제 입장이 바뀐 지금의 나도 어쩌면 상세 페이지를 읽는 이들에게 혼란을 주고 있을 지도 모른다. 온라인 스토어라는 특수성 때문에 간단명료하게 작성할 수밖에 없다는 것이 변명이다. 그래서 '코로키아Corokia'라는 뉴질랜드와 호주의 야생화를 예로 들어 상세 페이지를 가상으로 써봤다.

'실내나 베란다에서는 심지어 남향이라도 키우기 어려울 수 있습니다. 바람이 부족하면 서큘레이터를 하루에 2~3시간이라도 틀어 주시고 빛이 부족하면 식물 조명등을 설치하세요. 조명등도 기능별로 종류가 다양하니 잘 검색해 보시고 식물에게 필요한 광도를 확인하셔야 합니다.'

'미세먼지가 많은 날이라도 창문이나 베란다 문을 열어 환기를 자주 해야 합니다. 계속되는 겨울철 한파로 인해 베란다에서 빛을 듬뿍 받던 식물을 실내로 들이면 1~2주 만에 갑자기 고사할 수도 있으니 마음의 준비를 단단히 하세요. 10년 공들인 탑이 한 방에 갑니다.'

바보가 아닌 이상 식물을 유통하거나 판매하는 사람이 이런 말을 써 놓을 리 없다. 그리고 혹여 누군가가 과학적으로 완벽한 가이드를 해준다고 해도 날씨의 변화나 키우는 사람의 물리적 환경에 따라 다양한 변수가 생길 수 있다.

완벽에 가까운 환경에서 키우더라도
식물은 얼마든지 시들 수 있다.
그것이 자연의 법칙이고 순리다.

그렇기 때문에 초보 식물 집사들이 금손 집사들의 식물을 원한다면 같은 식물을 적어도 2~3개 정도 연속으로 죽일 각오를 하고 키워야 한다.

통 창문은 반음지 관엽식물에게는 적당하지만
야생 초목이 살기에는 좀 부족할 수도 있는 빛이다.

영원한 킬러는 없다

나는 식물 2~3개를 연속으로 죽이는 정도에 그치지 않았다. 사람들은 나를 당연히 '금손 of 금손'이라고 생각하겠지만 나는 꽤 열정적인 식물 킬러였다. 식물이 죽을 때마다 마치 법의학 드라마의 부검의처럼 사인을 찾아 헤맸다. 책도 보고 인터넷도 뒤지고 화원에 들러 사장님께 질문 같은 하소연을 하기도 했다.

"왜 우리 집에만 오면 죽을까요? 여기 있는 애들은 다 싱싱하네요."

"물을 적게 줬나...?"

돌아온 화원 사장님의 답변은 당시 식물 초보인 나에게 고구마를 백삼십 개 먹은 것 같은 답답함을 선사했다. 하지만 지금은 처지가 180도 바뀌었다. 식물 강의를 하다 만나게 되는 수강생분들이 슬픈 사슴 눈으로 나에게 똑같은 질문을 한다. '왜 우리 집에만 오면 식물이 죽을까요?'라는 질문이 끝남과 동시에 나는 프로파일러처럼 상대를 심문하기 시작한다.

"식물 이름이 뭔가요?"

"올리브나무요."

"물을 어떻게 주셨어요? 지금 잎에 어떤 증상이 있나요? 분갈이는 언제 어떻게 하셨어요? 식물이 있는 자리에 빛은 잘 들어오나요?"

이렇게 상대를 압박하다 보면 초보 식물 집사의 얼굴에는 그늘이 지고 눈에는 죄책감이 들어차기 시작한다.

"어… 제가 물을 너무 자주 줬나 봐요. 빛도 부족했던 것 같아요."

결국 압박 심문은 나의 승리로 끝난 것 같지만 다음 말이 불쑥 튀어나온다.

"처음에는 다들 그러세요. 물 주시기 전에 꼭 겉흙이 말랐는지 눈으로 확인한 후에 물을 주시고요. 5일이 지나도 흙이 안 마른다면 식물이 있는 공간에 통풍이 잘 안 되고 있는 거니까 환기에 더 신경 써주세요. 저는 서큘레이터를 주기적으로 틀어줘요. 그리고 빛이 가장 잘 들어오는 곳에서 키워주세요."

열정 킬러였던 나는 어느덧 새내기 킬러를 돌볼 수 있을 만큼 성장을 했다. 영원한 킬러는 없다.

꽃이나 열매를 맺지 않는 식물에게
가장 좋은 햇빛은 창을 한 번 거른 햇빛이다.

이것만 알면 킬러 탈출

우리가 관엽식물(주로 잎을 관상하는 식물)을 죽이는 흔한 이유로 '과습'을 꼽을 수 있다. 과습은 물을 너무 자주 많이 준다는 뜻이다.

소형 화분을 기준으로 뿌리를 품고 있는 화분 속 흙이 5일 이상 마르지 않으면 뿌리가 과습으로 물러질 확률이 높아진다. 3~4일에 한 번 물을 주는 것이 적당하다고 생각하지만 우선 물을 주기 전에 흙 속에 손가락을 넣거나 나무젓가락 또는 아이스크림 막대를 넣어 습도를 파악해야 한다.

화분 위쪽 흙이 맨눈으로 봤을 때 다 마른 상태면 물을 줘도 된다. 하지만 나는 흙 속에 직접 손가락을 넣어 확인한다. 두 번째 손가락을 흙 속에 살포시 찔러 넣는다. 높이 20cm 화분을 기준으로 손가락 한 마디 깊이까지 흙이 말라 있으면 물을 줘도 좋다.

물은 흙 전체에 골고루 듬뿍 줘야 한다. 화분 바닥에 있는 배수 구멍으로 물이 졸졸 빠져나올 때까지 2~3번 반복한다. 이것만 지켜도 우리는 식물 킬러 딱지를 뗄 수 있다.

'킬러들이여, 뿌리 과습을 피해야 한다!'

겉흙이 마른 상태다.
눈으로 봤을 때 수분이 느껴지지 않을 정도다.

반면, 다육식물은 관엽식물과 달리 뿌리 끝까지 흙이 마를 때 물을 주면 된다. 그래서 다육식물의 줄기가 뼈대를 드러낼 듯 살이 빠지기 시작하면 물을 준다. 다육식물의 하엽*이 떨어지거나 잎이 쭈그러들기 시작하는 것도 물을 달라는 신호다.

* 하엽: 지는 잎, 다육식물의 경우 잎이 노란색으로 변색됨

식물 킬러에게
처방하는 식물

식물 킬러에게는 몬스테라, 셀럼, 스파트필름, 테이블야자, 홍콩야자, 스킨답서스를 추천한다.

과습이나 건조에 덜 예민한 식물들이다. 그렇다고 막 키워서는 안 된다. 나는 이 모든 식물을 죽여본 경험이 있다. 과습이나 물 말림이 원인이었다.

몬스테라와 셀럼은 가장 먼저 추천하는 식물이다. 독특한 잎 모양과 쭉 뻗은 수형은 공간 분위기를 단번에 바꿔줘서 인테리어로 손색없는 훌륭한 식물이다. 성장 속도가 빨라 키우는 재미까지 있다. 공중 뿌리가 길게 자라면 줄기와 함께 물에 담궈 수경재배로 키울 수도 있다. 공간에 청량미를 더해주는 효과가 있다. 사진 맨 위 왼쪽에 있는 식물이 몬스테라Monstera tauerii다.

셀럼Philodendron xanadu은 오리발처럼 갈퀴 모양이다.

스파트필름Spathiphyllum wallisii은 몬스테라나 셀럼처럼 몸집이 커지지 않아 부담이 없다. 실내에서 발생하는 휘발성 화학물질을 제거하는 공기정화식물로서의 기능도 탁월해 사무실이나 공부방 등에서 키우기 좋다. 많은 빛이 필요하지 않아서 창가가 아니어도 실내에서 잘 생존해준다.

테이블야자Chamaedorea elegans를 두고 업자들끼리 '이거 죽이는 사람은 식물 키우면 안 된다'라고 우스갯소리를 하기도 한다. 그만큼 키우기 쉬운 식물이고 새순이 잘 난다. 위로 크는 식물이지만 아주 많이 커도 약 40~50cm이다.

스킨답서스Epipremnum aureum는 주방에서 많이 발생하는 일산화탄소 제거에 탁월한 공기정화식물이다. 덩굴을 늘어뜨리며 길게 자라기 때문에 높은 선반이나 책장에 올려두고 키우면 싱그러운 플랜테리어까지 완성할 수 있다. 부담스러울 정도로 길게 자랐을 때는 줄기와 뿌리를 잘라 물에 담가보자. 그럼 새로운 실뿌리가 나올 것이다.

식물 집사 레벨업하기

1st Mission : 무늬 식물 키우기

소형 식물을 어느 정도 키우다 보면 자연스레 무늬 식물에 눈을 뜬 자신을 발견하게 될 것이다. 관엽식물 중에 무늬가 있는 친구들은 환경에 예민한 편이다. 과습이나 건조한 환경에 민감하게 반응한다. 물을 자주 줘서 뿌리가 과습이 되면 잎끝이 새까맣게 타들어 가기 시작하고, 공기가 너무 건조하면 잎끝이 녹는 듯 말려 들어가기 시작한다. 집사는 습도나 물 조절에 민첩해져야 한다. (나랑은 잘 안 맞는 식물이다...)

무늬 잎들은 외모가 치명적인 데다 색상도 화려하다. 그냥 단색의 초록 잎이 아니라 우윳빛, 핑크빛, 때로는 보랏빛, 레드 와인 빛깔로 우리를 유혹한다. 하지만 그만큼 까다로운 존재라는 것도 유념해두자. 건투를 빈다!

*과습 신호: 잎끝이 새까맣게 타들어 간다.
*건조 신호: 잎끝이 말려 들어가기 시작한다.

2nd Mission : 덩치 큰 식물 키워 보기

이젠 중형이나 대형 식물에 도전해볼 차례다. 중대형 식물은 소형 식물보다 잎사귀가 크기 때문에 공간도 빛도 더 많이 필요하다. 높이가 최소 90~130cm 이상이면 중대형 식물에 해당한다.

물을 주는 시기도 소형 식물과는 다르다. 소형 관엽식물에는 3~4일에 한 번 물을 준다. 반면, 중형 식물은 7~10일로 물 주기가 길어진다. 대형 식물은 물 주기가 훨씬 더 길어져서 2~4주에 한 번이면 충분하다. 물론 환경마다 차이는 있다. 물은 겉흙(손가락 두 마디 정도의 깊이)이 마르면 듬뿍 주는 것이 일반적이다.

덩치가 큰 식물들은 소형에 비해 환경에 덜 예민하다. 물도 자주 주지 않아도 되어 좋다. 하지만 공간을 많이 차지하다 보니 우리 집에는 보통 2개만 두고 키운다. 소파 옆에는 대형 드라세나를 두었는데 나무 한 그루가 함께 있는 것 같아 든든하다.

#40대 덕질일기

나는 유튜버 피식대학 팬이다. 피식대학 덕질은 내 일상에 큰 활력이 되어준다. 아침에 눈을 뜨면 제일 먼저 하는 스케줄이 바로 인스타그램 팬 계정을 여는 것이다. 팬들이 올린 피식대학 사진이나 영상을 보다 보면 시간 가는 줄 모른다.

처음에는 그냥 퇴근 후에 가볍게 보기 시작했다. 그러고 며칠 후 집에서 한가롭게 주말을 보내다가 김민수의 '인강 강사 성대모사'를 보고 빵 터졌다. 영어 강사로 일하는 내 모습을 보는 것 같았다. 나도 학생들에게 반존대를 했었다.

여러분들이 왜 안 되는 줄 알아?
여러분들은 잘 안 변해.
원래 사람은 잘 안 변해. 그게 사람이야.

- 40대 고액 연봉을 받는 점잖은 강사 톤

이 대사에서 이미 웃음이 터졌는데, 공무원 시험 강사 성대모사에서는 오랜만에 배 아프게 웃었다. 특히 내 마음을 대변해줘서 속이 시원했다.

졸리니? 목숨을 걸라고 했지?
샘이 몇 번이나 말했잖아.
미쳐야 미친다!!!!
미쳐야 도달할 수 있는 거야!!!!

- 50대 경상도 아저씨 사투리 톤

Shake it야 니 잠이 오니?
평생 그리 살아라, Shake it야!

- 사랑과 독설이 가득 담긴 톤

그렇게 태어나서 처음으로 '덕질'이라는 걸 시작했다. '덕질'이라는 말도 피식대학 팬이 되고 나서 처음 알게 되었다. 피식대학 채널에는 콘텐츠가 매주 업로드되었다. 그러다 보니 점점 '피며들고' 있는 나를 발견하게 됐다.

내가 피식대학에 '입덕'한 계기는 단순히 웃기거나 재밌어서가 아니다. 웃긴 건 기본이고 자신이 좋아하는 일을 위해 경제적으로 힘든 시기도 끈질기게 버텨냈다는 것을 어느 다큐멘터리를 통해 알게 돼서다. 그리고 지금까지도 피식대학 콘텐츠를 즐기고 있는 이유는 현실성 있는 다양한 소재와 이야기에 어딘가 존재할 법한 재밌는 '부캐'를 만들어내고 연기까지 훌륭하게 소화하기 때문이다.

내 덕질에도 꽤나 큼지막한 포트폴리오가 생겼다. 바로 KBS 프로그램 '주접이 풍년'에 피식대학과 함께 방송 출연을 한 것이다. 말 그대로 주접을 떨고 왔다. 그것도 내 최애 부캐인 산악회 회장 아저씨 코스프레를 하고서 말이다. 내가 좋아하는 연예인과 방송을 같이 한다는 건 정말 꿈만 같은 일이라 시벌건 등산복에 시퍼런 두건을 쓰고 방송에 출연했다. 수치심이라곤 1도 없었고 정말 '이건 기적이야!'를 되뇌이며 너무 행복하게 촬영했다.

촬영이 끝나고 피식대학과 개인 기념 사진을 찍었다. 피식대학 멤버에 둘러싸여 사진을 찍으려고 포즈를 잡고 있는데 내 '최애'의 나지막한 목소리가 들렸다.

'누나'

'응?'

'오늘 찢었어! 진짜 멋있었어!'

'고마워!'

(나우럭ㅠㅠㅠㅠㅠㅠㅠㅠㅠㅠㅠㅠㅠㅠㅠㅠㅠㅠㅠㅠ)

나는 진짜 성덕이다. 내 연예인에게 이런 감동적인 말을 듣다니! 너무 비현실적인 그날의 순간이 아직도 생생하다. 지금까지 그랬던 것처럼 앞으로도 피식대학을 좋아하고 응원할 것이다.

피식대학보다 중독성 강한 존재

지인들이나 친구들을 만나면 '아직도 피식대학 팬이야? 이제 좀 잠잠해질 줄 알았더니.'가 빠지지 않는 안부 인사다. 내가 이렇게 징하게 팬으로 남은 것은 나같은 팬들 덕분이다. 팬들과는 오프라인에서 자주 만난다. 가족보다 더 자주 볼 때도 있다. 아니 사실 더 자주 본다. 일명 '피식팸'이다. 우리는 만나서 피식대학 영상에 나온 맛집을 투어하거나 그들이 방문한 장소에 가서 인증 사진을 찍는다. 피식대학 굿즈가 나오면 굿즈를 착용하고 맛있는 걸 먹고 인생네컷도 찍는다.

우리의 만남이 그 어느 때보다 뜨거운 날은 피식대학 공연을 보러 가는 날이다. 공연 시간은 저녁이지만 우리는 낮부터 만나 피식대학 이야기를 한다. 친구나 지인들에게는 속 시원히 말할 수 없는 소재의 이야기다 보니 만나면 서로 말하기 바쁘다.

이제는 피식대학과 상관없이 여행도 간다. 공감대가 있다는 것 하나로 이렇게 긴 시간을 보낼 수 있다는 게 신기하다. 사실 나이도, 사는 지역도 다르다. 심지어 나이로는 내가 왕언니다. 정신 연령은 비슷하다고 느끼지만.

나는 오늘도 피식대학 팬으로서 행복하다.

덕질일기 끝! (찡긋)

어쭈구리,
식물 좀 하네

내 취향 찾아 삼만리

사람마다 음식 취향이 다르듯 식물도 그렇다. 식물도 종류가 다양하다 보니 자기 취향을 찾아가는 재미가 쏠쏠하다. 주로 잎을 관상하는 관엽식물만 해도 생김새와 분위기가 제각각이다. 잎이 작고 동글동글한 식물부터 사람 얼굴보다 큰 이파리와 성인 키를 훌쩍 넘는 높이를 가진 식물까지 다양하다. 내 공간과 취향에 맞는 식물을 천천히 알아가는 과정이야말로 식물을 키우며 느낄 수 있는 가장 큰 재미다.

처음에는 지갑이 허락하는 한 식물을 마구 사들였다. 관엽식물로 베란다를 채우기 시작하여 장미, 수국, 동백, 튤립,

히아신스에 이름 모를 꽃들까지 욕심을 내서 키웠다. 베란다를 꽃밭으로 만든 적도 있다. 하지만 지금 제일 많이 키우는 식물은 관엽식물이다.

초보 집사일 때는 관엽식물 중에서도 잎이 화려한 각종 무늬 식물이나 희귀 식물에 꽂히기도 했다. 하지만 200개가 넘어가자 식물 키우는 재미는 사라지고 물 주기에 급급해졌다. 작업실로 출근을 해도 식물, 집으로 퇴근을 해도 식물... 나는 수많은 식물에 시달리기 시작했다. 물을 줘야 한다는 그 강박 때문에.

말도 못 하는 식물이 내게 말을 거는 것 같았다.

'나도 물 줘야지!
흙 마른 거 안 보여?'

'집사야,
물 언제 줄 거야?'

물 시중에 지친 나는 결국 가족들에게 몇몇 식물을 입양보내기도 했다. 내 작은 아파트에 다시 여백의 미가 생기자 마음이 편안해졌다. 수백 개의 식물로 실내를 빽빽하게 채우는 것은 내 취향이 아니었다. 상처 하나 없이 완벽한 잎으로 관리해 주는 것 또한 내 취향은 아니었다.

집사인 나 먼저 살고 봐야 했다.
조금은 게으른 식물 집사가 되기로 했다.

시선을 사로잡는 화려한 식물도 좋지만, 나는 그저 내 곁에서 묵묵히 함께하는 식물이 제일 좋다. 화원이나 인터넷에서 쉽게 구할 수 있는, 키우기 무난한 식물들이 내 취향이다. 평범하지만 오래가는 관계처럼 말이다.

좋아하는
식물 수형을 찾다

모든 식물의 잎과 수형*은 저마다의 매력이 있다. 하지만 그 중에서도 나는 물줄기를 시원하게 뿜어내는 분수대처럼 생긴 식물을 좋아한다. 우리 집 보스턴 고사리가 딱 그렇다. 보스턴 고사리는 내가 매일 앉는 테이블에서 잘 보이는 자리에 두고 키운다. 싱그러운 자태를 뽐내는 모습을 보고 있노라면 덩달아 내 마음도 편안해진다.

보스턴 고사리의 매력은 자유로운 수형이다. 활짝 핀 꽃처럼 사방으로 잎이 퍼지지만 헝클어진 머리처럼 부스스하다. 꽃시장에 다닐 때도 물꽂이 용으로 보스턴 고사리 잎을 자주 샀다. 아무래도 취향은 잘 바뀌지 않나 보다.

---

* 수형: 나무의 뿌리, 줄기, 가지, 잎 등이 종합적으로 나타내는 외형

청량미 가득한
수경식물

깨끗한 유리병에 담긴 식물은 청량감을 선사한다. 특히 무더운 여름에는 공간에 시원한 분위기를 제공해준다. 우리 집에도 여름 플랜테리어로 수경식물이 빠지지 않는다. 거실장이나 책꽂이, 테이블에 올려 두면 눈이 맑아지는 기분이 든다.

수경재배는 식물의 뿌리를 물에 담근 채로 키우는 방식이다. 관엽식물 대다수는 수경식물로 키워도 생존이 가능하다.

식물을 키우고 싶지만 처음이라 두렵다면
수경재배로 식물 키우기를 시작해 보자.

아쉬운 점은 물 속에 영양분이 거의 없기 때문에 화분에 심어 키울 때보다는 식물의 성장이 느리다. 하지만 아쉬워 하지 않아도 된다. 시중에 나와 있는 수경용 영양제로도 식물의 영양분을 보충할 수 있으니 말이다.

식물 초보자에게 추천하는 수경식물

몬스테라

셀럼

콩고

스킨답서스

***관리법**

3~7일에 한 번 물이 더러워지면 수돗물로 갈아준다.
수경식물 영양제를 쓰면 더 건강하게 키울 수 있다.

식물은 화분빨?

시중에 나온 화분을 다양하게 접해 봤다. 다 써본 건 아니지만 특별히 애착이 가는 화분은 없었다. 도예 작가님을 찾아가 직접 주문 제작해서 쓰기도 하고, 이천 도자기 마을에서 발품을 팔아 내가 원하는 화분을 산 적도 있다.

몇 년을 돌고 돌아 이태리 토분에 정착했다. 내가 이태리 토분을 좋아하는 이유는 기본에 충실한 디자인과 기능 때문이다. 토분에 심긴 식물이 가장 자연스러워 보이는 것도 토분이 가진 또 하나의 힘이다. 토분은 흙이 주재료여서 통기성이 좋다. 적당한 때가 되면 화분 속 흙이 마른다. 식물과 흙이 숨쉬기 좋은 화분이다.

일반 세라믹 화분은 코팅 처리가 돼 있다 보니 토분보다는 흙이 천천히 마른다. 플라스틱 화분은 가벼워서 나 역시 많이 쓰고 있지만 토분보다 수분 증발이 느리다. 슬릿 화분은 플라스틱이지만 가격이 저렴한데다 동서남북 모서리에 가늘게 틈이 있어 통기성이 원활하다는 장점이 있다. 최근에는 슬릿 화분도 즐겨 쓴다.

토분(소재: 흙)
: 통기성이 좋아 흙 속의 수분이 금방 말라요.

세라믹(도자기) 화분
: 유약 처리가 돼 있고 코팅이 돼 있어 토분보다는 흙 속의 수분이 천천히 말라요.

플라스틱 화분
: 저렴하고 가볍다는 장점이 있지만, 토분보다는 통기성이 부족해요.

슬릿 화분
: 가벼운 플라스틱 화분으로, 토분과 유사하게 통기성이 좋아요.

이럴 땐 이 흙!

식물에게 화분이 집이라면,
흙은 공기라 할 수 있다.

식물에게 집이 없으면 너무 힘들겠지만 숨을 못 쉬는 건 아니다. 하지만 숨 쉴 공기가 없으면 죽을 수도 있다.

식물 초보일 때는 흙의 중요성을 몰랐다. 분갈이흙, 상토, 배양토, 혼합토가 정확히 어떻게 다른 건지 알 수 없었다. 그런데 그럴 수밖에 없었다. 현재 상토, 배양토, 분갈이흙은 이름과는 다른 성분으로 뒤섞여 유통되고 있다. 결국 내가 분갈이하려는 식물에게 필요한 흙이 어떤 것인지 잘 알아보고 구매해야 한다.

소량의 영양이
들어 있는 흙으로는
배양토, 상토 등이 있다.

배양토(분갈이용토)는 원예식물 재배에 적합한 흙을 가공하여 인위적으로 만든 혼합토다. 제조업체마다 성분을 달리해서 만든다.

상토(분갈이용토) 역시 혼합토인데 흙이 가벼워 주로 씨앗의 발아나 모종을 심을 때 쓰고, 비료 함량이 적다. 제조업체마다 성분을 달리하여 생산하므로 필요에 따라 흙의 성분을 잘 읽어보고 구매하는 것이 좋다. 자체 제작으로 만든 분갈이흙(특정 식물 전용 흙)이야말로 업체마다 성분이 다르니 필요에 따라 확인 후 구매하면 된다.

배수층에 쓰이는 재료로는
난석(휴가토), 마사토, 펄라이트, 화산석 등이 있다.

이들은 물 빠짐을 좋게 하거나 일시적으로 수분을 머금어 주지만 영양분은 없다.

난석은 굉장히 가볍다. 소립, 중립, 대립으로 사이즈가 상이하다. 배수층 가장 아래층에 깔아서 쓰면 물이 잘 빠진다.

마사토(세척마사토 추천) 역시 사이즈가 다양하고 배수층 역할을 해주는데, 무게가 있어서 많이 쓰면 화분이 무거워진다.

펄라이트는 흰색의 경우 아주 가볍다. 천연 펄라이트는 자연스러운 돌 색감이다.

화산석은 1~2cm 크기부터 있고, 다양한 색깔이 있다. 특유의 자연스러운 질감 때문에 식물을 심고 나서 마감재로 쓰면 된다. 식물이 한층 더 고급스러워 보이는 효과를 줄 수 있다.

장비는 뭐가 있나

물조리개

내가 제일 좋아하는 물조리개는 주둥이가 우아하게 꺾인 투명 플라스틱 제품이다. 입구가 좁은 물조리개는 물이 한꺼번에 많이 나오지 않기 때문에 중소형 화분에 물을 줄 때 흙이 파이지 않게 해준다. 또한 물을 천천히 골고루 줄 수 있다.

앞치마

종류가 점점 다양해지고 있다. 목에 매듭을 묶는 타입은 장시간 착용하면 피로해진다. 양쪽 어깨에 매듭을 걸쳐야 오래 입어도 편안하다. 앞주머니가 있으면 도구나 휴대폰을 잠깐 넣어둘 수 있어 편리하다.

장갑

흙을 자주 만지는 사람에게 꼭 필요하다. 맨손으로 흙을 오래 만지면 손이 쉽게 건조해지므로 손바닥 쪽은 방수가 되는 장갑을 착용하면 좋다. 두께와 사이즈가 다양하다. 나는 3M에어 그립을 쓴다.

분무기

공중에 물을 분사하여 습도를 높일 때 사용한다. 해외 유명 제품을 써봤지만 무겁고 잔고장이 많아서 결국 돌고 돌아 이케아 제품을 쓰고 있다.

원예 가위

식물 전용으로 꼭 필요하다. 약한 줄기와 잎을 자르고, 뿌리를 정리할 때 사용한다. 일반 생활 가위를 쓰게 되면 가위 날에 묻은 세균이나 독으로 인해 식물이 병들 수 있다. 내가 쓰는 가위는 제일 흔한 5천 원짜리 원예 가위다. 녹이 슬면 새 것으로 교체해 쓰는 편이다.

전정 가위

굵은 줄기를 자를 때 쓰는 가위다.

배수망

화분 가장 아래쪽에 깔아 흙이 유실되는 걸 막아준다. 플라스틱 배수망은 여러 번 재활용해 쓸 수 있다. 친환경 배수망으로는 흔히 마트에서 볼 수 있는 양파망, 그리고 코코넛 껍질을 가공해 만든 코이어테이프가 있다.

모종삽

플라스틱 모종삽은 가벼워서 적당한 양의 흙을 담아 옮기기 좋다. 사이즈와 모양이 다양하다. 구멍이 있는 쇼벨삽은 난석이나 마사토 등 작은 알갱이를 털어내 거를 수 있어 유용하다.

핀셋

작은 식물을 집을 때 사용한다.

숟가락

소량의 흙을 넣을 때 유용하다.

식물의 베프,
조명

식물과 조명은 인테리어적으로 조합이 훌륭하다. 우리 집 거실에는 스탠드 조명이 5개나 있다. 식물 전용 전구는 최근 몇 달 사이에 쓰기 시작했다. 내가 즐겨 보는 해외 유튜버가 '식물등'으로 식물을 건강하게 키우는 모습을 보고 조명 구매욕이 생겼기 때문이다. 겨울에 남향 베란다에 있던 허브를 실내로 들이면서, 실내의 부족한 빛을 커버하기 위해 실내등으로 키웠다. 걱정과 달리 허브는 잘 자라주었다. 공간에 구애받지 않고 식물을 키우는 신세계가 열린 것이다.

식물 생장등이 있으면 어디든지 내가 식물을 두고 싶은 곳에 둘 수 있다. 평소 눈이 자주 가는 곳에 식물과 조명등을 설치해 두면 공간 활용뿐 아니라 인테리어 변화까지 동시에 누릴 수 있다.

은은한 조명 아래에 식물이 편안히 쉬는 것 같다.
보고 있으면 내 눈과 마음이 차분해진다.

가끔 식물 조명 대신 일반 LED등을 쓰면 안 되냐는 질문을 받기도 하는데, 빛 파장이 서로 다르기 때문에 대체할 수 없다. 식물 전구는 일반 LED등과 달리 태양광을 흉내 낸 인공 빛으로, 식물에게 필요한 3가지 파장을 집중적으로 쏴준다.

잎을 건강하게 해주는 청색 파장, 광합성을 도와주는 녹색 파장, 그리고 생육과 개화에 도움을 주는 적색 파장이다. 일반 LED등으로 꽃을 피우거나 식물이 아주 건강하게 자라길 기대하면 곤란하다. 식물 조명은 30cm 이내에 두어야 효과가 있다.

식물 조명을 살 때 꼭 기억해야 할 부분은 PPFDPhtosynthetic Photo Flux Density(제곱미터당 비춰지는 광량)를 확인하는 것이다. PPFD가 높을수록 효과가 높기 때문이다.

아침저녁으로 식물등을 켜고 끄는 것이 꽤 귀찮은 일이기에 스마트폰에 앱을 깔아서 사용하는 스마트 전원 탭을 구매했다. 작업실에 자동 설정을 해두니 외근이 늦어지거나 작업실에 못 가는 날도 마음에 부담이 없다.

#1인 가구 이대로 괜찮은가?

나는 혼자 산다. 1인 가구로 산 지 3년이 되었다. 지금까지 '나혼산'은 만족 그 자체다.

나는 혼자서도 잘 놀고 혼자 있는 것도 좋아해서 '나만의 아늑한 동굴'이 필요했다. 현재 내 아늑한 동굴은 리뷰로 치면 5점 만점에 5점이다. 세상은 내 뜻대로 되지 않지만 이 집 안에서만큼은 내 마음대로 할 수 있다. 그게 내가 혼자 살면서 얻는 가장 큰 기쁨이다. 내가 원하는 색상의 머그잔, 내가 원하는 질감의 휴지, 내가 원하는 전구색 조명의 스탠드를 내 취향에 따라 구매하여 집에 둘 수 있다.

내가 원하는 물건을 원하는 자리에 두는 것이 별거 아닌 것 같지만 별거다.

우리 집은 나한테 쓸모가 있고 예쁘면 그것만으로 충분한 것들의 집합소다. 물론 이사 온 지 며칠 되지 않았을 때는 마치 혼자 여행을 온 것 같았고, 누워서 바라본 천장은 매우 낯설었다. 하지만 지금은 하루 중 가장 행복한 순간이 자기 전 포근한 이불 속에서 왼쪽으로 돌아누워 휴대폰을 하는 시간이다.

아무도 간섭하지 않고
열심히 움직이지 않아도 되는 밤 11시 35분은
나에게 가장 나른한 휴식의 순간이다.

나의 일상은 이렇다. 아침에 눈을 떠 이불을 정리하고 커피 한 잔을 내린다. 양치질을 하며 집에 있는 식물을 스캔한다. 입을 헹군 후 내가 좋아하는 머그잔에 방금 내린 커피를 담고 노트북을 열어 메일을 확인한다.

좋아하는 플레이리스트를 트는 것도 빠지지 않는다. 아침 9시가 되면 식물 조명이 자동으로 켜진다. 커피 향 가득한 집에서 맞이하는 아침 시간은 지난밤 포근한 이불 속 못지않게 좋아하는 순간이다.

외부 일정이 있거나 작업실에서 수업이나 미팅이 있는 게 아니면 집에서 업무를 보는 경우가 많다. 강의계획서, 강의 원고, 견적서, 기획서 등 문서 업무도 많다. 유튜브 편집에 SNS도 해야 한다. 1인 기업이다 보니 모든 일을 혼자 한다. 혼자 사는 집에서 홀로 일을 하다 보니 어떤 날은 말 한마디 안 하고 지나가는 날도 있다. 편의점이나 동네 슈퍼에 들러 점원과 나누는 짧은 대화가 전부인 날도 있다.

'봉투 필요하신가요?'

'아니요.'

외롭지 않냐는 질문도 가끔 듣지만 내 성향상 자주는 못 느낀다. 평일 낮에는 일하느라 시간이 너무 잘 가고 밤이 되면 피곤해서 뻗기 바쁘다. 주말에는 밖으로 나가는 편이라 무료

할 틈이 없다. 가끔 주말에 친구나 지인들이 집에서 놀다 가면 잠깐 허전하긴 하지만, 어차피 자주 보니까 그렇게 섭섭하지도 않다.

오늘 하루를 내가 좋아하는 공간에서 열심히 살고, 좋아하는 일을 계속 하면서 먹고살 수 있는 것도 큰 행운이고 행복이라 생각한다. 난 지금 혼자 살고 있는 이 작은 집이 너무 아늑하고 좋다. 최소한 월요일에 출근하기 싫어서 끙끙거리며 일어난 적은 없으니 이 정도면 감사한 삶이다.

미래에 대한 막연한 두려움과 불안은 광고 메시지처럼 불시에 찾아온다. 불안에 휘둘리기보다는 좋아하는 일에 몰입하고 건강한 루틴을 반복하려 노력한다. 그리고 뭐랄까, 40대가 된 후로는 불안할 시간도 없다. 자영업자는 하루라도 더 움직여야 돈을 벌 수 있기에 불안하면 뭐라도 해야 한다.

오늘 내가 할 수 있는 일에 최선을 다하고
장기적인 미래는 계획만 할 뿐
그대로 이뤄지길 바라진 않는다.
방향만 정하고 열심히 달린다.

40년을 살아 보니 사는 게 내 맘 같지 않았다. 그래서 조금은 내려놓게 되었다는 얘기다. 주어진 환경에서 나다움을 찾는 것은 내 몫이다. 조금씩 '내 시간', '내 영역'을 확장해 가며, 남의 눈치 보지 않고 1인칭 시점의 내 세상을 즐기며 살고 싶다.

식물과
친한 척하기

My best friends!

ohw

잎을 자랑하는 관엽식물

몬스테라와 고무나무처럼 잎이 발달한 관엽식물은 우리가 실내에서 가장 쉽게 키울 수 있는 식물이다. 꽃이나 열매가 맺히는 식물보다는 실내 환경에 잘 적응하기 때문이다. 잎을 관상하는 식물을 뜻하는 관엽식물은 소형에서 대형에 이르기까지 크기도 다양하지만 잎의 색깔이나 질감과 무늬도 다양하다.

관엽식물은 실내에 햇빛이 한 번 걸러진 곳에서 가장 잘 자란다. 원산지가 주로 아열대 지방이라 추위에 약하다. 섭씨 15~25도, 습도 50~60%의 환경에서 키우는 것이 좋다. 거기에 바람까지 솔솔 불어주면 그야말로 관엽식물의 천국이다.

여행지에서 만난 호말로메나Homalomena 잎의 일렁임은
참으로 아름다웠다.
자연이 주는 위로는 우리에게 진정한 쉼이 되어준다.

실내에서 잘 크고 공간을 많이 차지하지 않는 것은 관엽식물의 강점이다. 그러나 약점도 있다. 바로 추위에 약하고, 열매나 꽃이 거의 없어 모양의 변화가 적다는 것이다. 잎이 상하면 관상 가치가 떨어진다. 무늬 이파리의 경우 빛이 부족하면 무늬가 희미해지고, 습도가 낮아지면 잎끝이 마른다. 무늬를 선명하게 살리기 위해서는 빛이 잘 들어오는 곳으로 옮겨주고, 잎끝이 마르는 것을 방지하기 위해서는 공중 습도를 높여줘야 한다. 가습기를 틀거나 식물 주변에 분무를 자주 하면 된다.

사진 속 우리 집 식물들은
화원에서 처음 데려왔을 때처럼 완벽한 모습은 아니다.
하지만 이만큼이라도 잘 자라줘서 고맙다.

한 번은 내 키만큼 자란 히메 몬스테라를 내가 자주 앉는 의자 뒤편에 두고 키웠는데, 의자에 앉을 때마다 뒤가 얼마나 든든했는지 모른다. 무럭무럭 자라 분갈이를 할 때도 너무 뿌듯해서 각종 포즈로 사진을 찍은 기억이 난다.

그런데 무탈하게 잘 크던 녀석이 어느 날부터 새순이 나와도 크기가 자라지 않고 잎마다 갈색 반점이 퍼지고 있었다. 영양이 부족해서라기보다는 사진을 찍겠다고 30분 정도 식물을 계속 만지고 옮기고 실수로 넘어뜨렸기 때문이다. 내 욕심이 과했다. 사진을 건져보겠다고 식물을 괴롭힌 것이다. 다행히 일부 잎은 줄기를 잘라 수경재배로 살렸지만 큰 줄기에 붙어 있던 늙은 잎들은 다 시들어 결국 버려야 했다.

야, 너두 분갈이 할 수 있어!

이런 안타까운 상황이 아니더라도 관엽식물을 키우다 보면 식물 상태가 안 좋아질 때가 있다. 빛이 잘 들어오고 물도 적당히 잘 주고 있는데도 잎이 상하거나 새순이 나지 않을 수 있다. 이럴 때는 화분 아래쪽을 살펴보면 힌트를 얻을 수 있다. 배수구멍 바깥으로 뿌리가 나와 있다면 분갈이할 시기가 임박했다는 뜻이다. 뿌리가 수분과 양분을 제대로 흡수하지 못해 잘 자라지 못하고 있다는 신호다.

뿌리가 아직 화분 밖으로 나온 게 아니라면 영양제를 주고 한 계절 정도 버텨 보는 것도 나쁘지 않다. 따뜻한 봄이라면 분갈이로 식물에게 새집을 마련해 주기 좋은 계절이니 부지런히 움직여보자.

1. 이전 화분에서 식물 꺼내기

원래 있던 화분에서 식물을 빼내는 방법은 다양하다.

① 양 손바닥으로 화분 겉면을 여러 번 두드려 본 후 식물 줄기를 잡고 꺼낸다.

② 잘 안 빠질 경우에는 얇은 젓가락을 흙 속에 넣어서 살살 파헤쳐 본다. 이때 화분 안쪽에 달라붙은 뿌리가 떨어지면 식물을 빼내기 쉬워진다.

③ ①, ②번 방법으로도 해결이 되지 않을 때는 고무망치나 쇠망치를 이용해서 화분을 깨트려야 한다. 또는 화원에서 사온 대형 화분일 경우 화분을 바닥에 눕힌 뒤 화분 겉면을 돌리며 발로 밟아주면 잘 빠진다.

2. 화분 준비하기

원래 있던 화분 크기의 1.5~2배가 적당하다.

3. 배수층 만들기 (화분 높이의 2/5)

① 난석 깔아주기

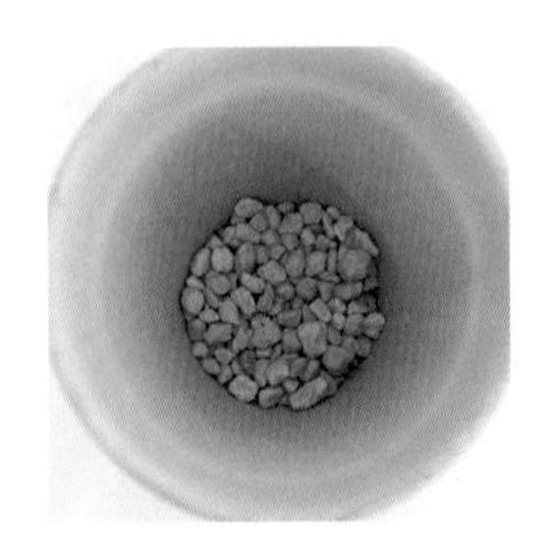

먼저, 기존에 있던 화분보다 1.5~2배가량 큰 화분을 준비하고 배수망을 깔아준 뒤 난석으로 화기의 1/5 정도 채운다. 난석은 화분에 물을 줄 때 물이 고이지 않고 빠져나갈 수 있게 해주는 역할을 한다. 이때 반드시 난석을 깔아야 하는 것은 아니다. 마사토만 써도 된다. 다만 난석은 가벼워서 큰 화분에 심을 때 무게를 덜어준다.

② 마사토 깔아주기

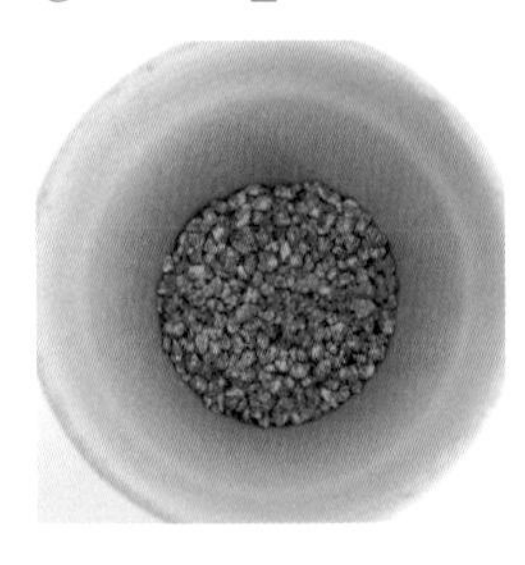

난석 위에 중립 마사토를 1/5 깔아준다. 되도록 세척 마사토를 구매해서 쓰는 것이 좋다. 미세척 마사토는 가격이 좀 더 저렴하지만 그대로 쓰면 마사토에 붙어 있던 흙이 아래에 뭉치면서 화분 배수 구멍이 막힐 수 있다.

4. 분갈이용 흙에 식물 심기 (화분 높이의 3/5)

분갈이용으로 나온 상토나 배양토를 화분에 넣기 전에 마사토 위에 식물을 올려 보고 높이를 재어본다. 뿌리가 흙에 충분히 잘 심길 수 있는 높이어야 한다. 그리고 화분 위 3cm 정도는 남겨둬야 나중에 물을 줄 때 흙이 바깥으로 튀지 않는다.

흙 위에 큰 화산석을 올려두고 물을 살살 부어주면
흙이 파이지 않는다. 식물의 지지대 역할도 하니
1석 2조의 화산석을 활용해 보자.

분갈이 알쏭달쏭

「Q. 뿌리에 있는 흙을 털어도 될까?

뿌리에 붙은 흙은 양날의 검이라 할 수 있다.

***흙을 털지 않을 경우**
장점: 분갈이 후 몸살을 잘 앓지 않는다.
단점: 오래된 흙이기에 영양분을 거의 얻지 못한다.

***흙을 털게 될 경우**
장점: 영양분이 유실된 흙을 버린 만큼 영양분이 많은 새 상토로 채워줄 수 있다. 흙을 털면서 썩은 뿌리를 확인하고 잘라낼 수 있다.
단점: 몸살을 약하게 앓거나 아주 심하게 앓을 수도 있다.

「Q. 뿌리에서 털어낸 흙을 재사용해도 될까?

되도록 재사용하지 않는 게 좋다. 영양분이 많이 유실되었을 확률이 높기 때문이다. 하지만 대형 화분을 분갈이할 때 소량씩 넣어 쓰는 것은 괜찮을 수도 있다.

흙에는 우리가 다 확인할 수 없는 다양한 미생물이 살고 있다. 가령 A식물에서 나온 흙을 B식물에 재사용할 경우 B식물은 A식물에서 온 미생물의 공격을 받아 면역력이 떨어질 수도 있다. 마사토나 난석은 하루 이틀 건조시킨 후에 재사용하는 것이 좋다.

「Q. 오늘 화원에서 사온 식물인데 지금 당장 분갈이해도 될까?

식물이 화원에서 우리 집으로 오면 새로운 환경에 적응할 시간이 필요하다. 빛, 온도, 습도가 다 바뀌었기 때문에 되도록 3일에서 7일 정도 지난 후에 분갈이하는 것이 좋다.

그런데 간혹 분갈이가 아주 시급해 보이는 식물들을 집으로 데려올 때도 있다. 배수 구멍으로 뿌리가 뚫고 나온 지 몇 개월은 돼 보이는 식물들 말이다. 뿌리가 얽히고설켜서 손으로 식물을 꺼내는 것조차 불가능할 정도라면 분갈이를 하는 것이 좋다. 특히 밖으로 노출된 뿌리는 물을 제대로 흡수하기 어렵기에 분갈이를 바로 해줘야 한다.

야, 너두 잘 키울 수 있어!

물 주기

분갈이를 한 당일에 물을 준다. 평소에는 겉흙(손가락을 넣었을 때 한 마디 정도)이 충분히 마른 상태이면 배수 구멍으로 물이 쫄쫄 흐를 때까지 물을 듬뿍 준다.

*무조건 3~4일에 한 번 물을 주는 것이 아님

빛

한여름 직사광선이나 강한 빛을 쬐면 잎이 화상을 입는다. 봄이나 가을에는 창가나 베란다에 두는 것이 가장 좋다. 빛이 부족한 실내에 두면 식물의 잎 색깔이 어두워진다.

바람

공기 순환이 되지 않으면 흙이 계속 축축해서 곰팡이 등 유해한 균이 생긴다. 장마철이나 습도가 아주 높을 때는 서큘레이터나 선풍기로 바람을 만들어 주는 게 좋다.

습도

극도로 건조한 겨울에는 가습기를 틀거나 분무를 자주 하면 잎을 아름답게 키울 수 있다.

물이 많아서 다육식물

나는 다육식물은 많이 키우지 않는다. 집에서 키우기에는 빛도 부족하고 관엽식물에 비해 키우는 재미가 적어서다. 관엽식물은 봄이 되면 새순이 잘 나오는데 다육식물은 그런 변화가 적다. 대신 성장이 느려서 공간을 많이 차지하지 않는다. 다육이나 선인장은 처음 만났을 때 크기로 2~3년을 가기도 한다.

다육식물의 원산지는 건조한 기후거나 물이 별로 없는 환경인 사막이나 고산지대이다. 잎이나 줄기에 수분을 많이 저장하고 있어 '다육(多肉)'이라 한다. 선인장이 대표적인 하위 카테고리다. 다육식물은 관엽식물과 다르게 뿌리가 별로 발달하지 않았다. 작은 다육이들은 실뿌리를 갖고 있거나 전체적인 크기에 비해 뿌리의 길이가 짧다. 줄기나 잎이 발달한 식물이라 할 수 있다.

다육식물의 매력은 생김새에 있다. 여러 가지 꽃봉오리 모양이나 하트로 보이는 모양도 있다. 오래된 다육이 중에는 웃자라면서 수형이 독특해진 식물도 종종 있다. 여유롭게 화원을 둘러보면 평소에 결정 장애와 거리가 먼 나조차도 뭘 살지 고민이 되는 때가 있다.

다육식물은 치명적인 약점이 있다. 바로 과습에 취약하다. 관엽식물은 뿌리 과습이 되면 뿌리를 좀 잘라내거나 잎을 정리하면 다시 회복할 기회가 있다. 그런데 다육이는 몸통 자체가 녹아내린다. 위로 쭉 뻗어 있던 선인장이 옆으로 휙 꺾여지기도 하고, 산세베리아나 스투키는 갑자기 물러 터지기도 한다. 이럴 때는 회복하기가 정말 힘들다. 빛이 부족하면 웃자란다는 약점도 있다. 웃자란다는 말은 식물이 위로 반듯하게 자라다가 한쪽으로 치우치게 자라는 것을 뜻한다. 키만 쑥 자라기도 한다. 그럴 경우는 해가 많이 들어오는 장소로 옮기는 게 좋다.

테라리움은 고급스럽지

다육식물을 유리볼에 옹기종기 모아 심으면 작은 정원이 완성된다. 작지만 아름다운 사막을 떠올리며 만들면 된다. 느릿느릿한 성장 속도 때문에 키가 작은 다육식물은 유리볼에 딱 어울린다.

다육이의 늘 한결같은 모습에 조금 지루해질 무렵에는 '에어플랜츠Air Plants'라고도 불리는 흙에 심지 않고 키우는 공중 식물 하나를 넣어주거나 돌을 교체하는 것도 권태기를 슬쩍 넘기기 좋은 방법이다.

이처럼 작은 사막이 담긴 유리볼을 테라리움Terrarium이라 부른다. 다시 말해 테라리움은 유리 용기 안에 식물을 심어서 재배하는 스타일이다.

테라리움은 식물 선물로도 인기가 많다. '내 선물은 좀 특별해'라고 과시하기 좋은 아이템이다. 세상에 단 하나뿐인 식물인데다 공간에 두면 다른 식물보다 고급스러워 보인다. 그런 의미에서 우리 언니는 테라리움을 선물용으로 자주 찾는다.

같은 재료로 만들어도 사람마다
다른 결과물이 탄생하는 게 테라리움의 매력이다.

햇빛이 쨍하게 들어오는 창가에 두면 더 반듯하게 자라겠지만 스탠드 조명 주변 30cm 이내에 둔다면 생사에 지장 없이 키울 수 있다.

다육식물 분갈이도 도전!

분갈이는 언제 할까?

① 식물의 뿌리가 화분 밖으로 나왔을 때

② 봄가을에 식물이 더 이상 자라지 않을 때

③ 식물 일부가 썩거나 죽었을 때

재료

식물, 화기(기존의 1.5~2배), 배양토, 배수층을 만드는 난석, 마사토 등등

순서

새 화기를 5등분했을 때 맨 아래에 1/5은 난석, 5/4는 마사토와 배양토나 상토를 1:1로 섞어서 넣는다. 마사토의 비율을 높이면 배수가 더 잘돼서 뿌리 과습을 예방할 수 있다.

주의점

뿌리가 흙 밖으로 나오지 않도록 한다. 죽은 뿌리나 잎은 잘라낸다.

야, 너두
다육이 잘 키울 수 있어!

물 주기

다육식물에 물을 주는 방법은 관엽식물과 다르다. 다육식물이 전보다 살이 빠져서 쭈그러들면 물을 준다. 물이 부족하면 다이어트에 성공 중인 사람처럼 뼈대가 점점 두드러지게 보이거나 쭈글쭈글해진다. 하엽이라고 부르는 가장 아래쪽 잎들이 떨어지기도 한다. 그때 물을 주는 것이 좋다. 배수 구멍으로 물이 쫄쫄 흐를 때까지 듬뿍 준다.

가시가 있는 선인장은 물을 충분히 주면 가시에 수분이 차오른다. 물을 주기 전에는 그냥 얇은 핀 같았던 가시가 물을 듬뿍 마시게 되면 투명하게 수분이 찬다. 선인장이 클수록 가시가 커서 투명한 못을 보는 것 같기도 하다.

빛

다육식물의 원산지는 사막이라는 것을 기억하자. 실내 형광등으로는 건강하게 키울 수 없다. 하지만 한여름의 직사광선을 오래 쬐면 녹거나 타기도 하니 주의해야 한다. 봄가을의 햇빛은 보약이다. 온도는 최소 섭씨 5~10도 이상으로 유지해줘야 한다.

바람

공기 순환이 되지 않으면 흙이 계속 축축한 상태가 되어 과습을 유발한다.

습도

다육식물은 관엽식물이나 양치식물처럼 높은 습도를 좋아하지 않는다. 원산지가 건조한 사막이니 실내에서 키울 때도 건조한 환경을 조성해주는 것이 좋다.

촉촉함을 좋아하는 양치식물

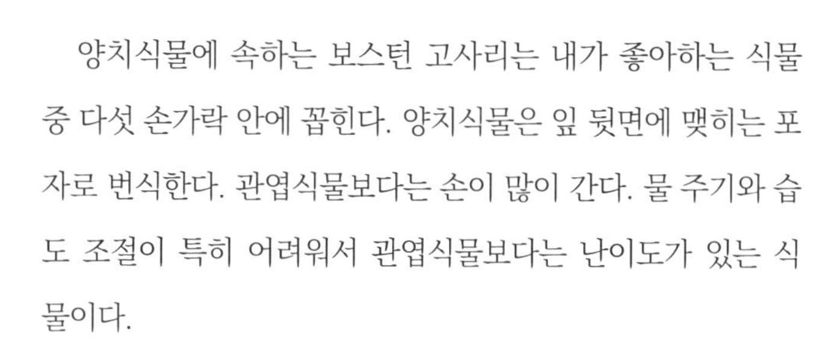

양치식물에 속하는 보스턴 고사리는 내가 좋아하는 식물 중 다섯 손가락 안에 꼽힌다. 양치식물은 잎 뒷면에 맺히는 포자로 번식한다. 관엽식물보다는 손이 많이 간다. 물 주기와 습도 조절이 특히 어려워서 관엽식물보다는 난이도가 있는 식물이다.

대형 유리볼에 양치식물을 식재해서 키운 적이 있다. 이파리 뒷면에 포자까지 빽빽하게 맺혀서 얼마나 뿌듯했는지 모른다. 유리볼 안의 습도가 높아 잎이 잘 마르지 않고 잘 자라서 조화처럼 보일 정도였다. 무럭무럭 자란 양치식물은 유리볼 안에 넣어둘 수 없을 정도로 커졌고, 화분에 옮겨 심게 되었다. 하지만 그 뒤로 잎이 건조하게 마르더니 결국 서서히 약해져 갔다.

단기간에 잎이 시들해져 버리는 고사리 식물들은

재도전의 욕구를 자주 말살시킨다.

물론 그렇게 매년 속으면서도

고사리들의 초롱초롱한 잎사귀에 반해 또 사는 게 나다.

한 번은 키우기 까다롭기로 유명한 아디안텀Adiantum 고사리를 잘 키우는 방법을 소개한 유튜브를 본 적이 있다. 해외에 거주하고 있는 외국인 유튜버였는데, 자신이 사는 곳은 현재 겨울이지만 가습기를 쓰지 않고도 아디안텀을 잘 키우고 있다고 했다. 그냥 적당히 빛이 들어오는 자리에서 물을 주면서 키우면 된다는 설명이었다. 어려운 식물이 아니라고 말하며 자기 집에 있는 온도계가 달린 습도계를 보여주는데 23도였다! 순간 배신감이 들었다.

대부분의 해외 식물 유튜버는 사계절이 따뜻한 도시에 산다. 화장실에도 해가 잘 들어오는 창문이 있을 정도니 거실은 해가 얼마나 잘 들어오는지 샘이 날 정도다. 그런 환경이라면 아마 우리나라 사람들이 훨씬 잘 키웠을지도 모른다.

이천 도자기 마을에 간 적이 있는데 거기서도 고사리 달인을 만났다. 한 도자기 숍에서 고사리 식물들이 풍성하게 잘 자란 모습을 보고 작가님께 어떻게 이렇게 잘 키우시냐고 여쭤본 적이 있다.

'내가 식물은 잘 못 키워요. 이거는 그냥 내가 만든 도자기에 심었는데 몇 년째 저렇게 잘 크네요.'

'아, 그러면 밑에 배수 구멍이 없어요?'

'없죠, 화분으로 쓰려고 만든 게 아니었거든요.'

배수 구멍이 없다면 뿌리가 말라버릴 확률이 낮고 흙을 늘 촉촉하게 유지하기 좋다. 그날 도자기 마을에서 마음에 드는 동그란 도자기들을 구매해 화분으로 쓰고 있다. 구멍이 없는 화분에서도 고사리들이 잘 생존했다.

작년에 산 아스파라거스 메이리Asparagus densiflorus(꽃이 피고 씨앗으로 번식해서 엄밀히 따지면 양치식물은 아니다.)는 키우기 어렵다는 입소문을 듣고 멀리하다가 최근 들어 키우기 시작했는데 쑥쑥 잘 크고 있다. 분위기도 우아한데다 이젠 든든하기까지 하다.

빛

고사리 식물을 반음지 식물이라는 이유로 빛이 부족한 실내에서 키우면 식물이 건강하게 자라지 못한다. 반음지는 사실상 메타세쿼이어길처럼 빛이 나뭇잎에 한 번 걸러진 곳을 뜻하기 때문에 실내 형광등으로만 건강하게 키우기에는 한계가 있다. 아스파라거스 메이리같은 경우도 빛이 충분해야 빽빽한 머리숱을 유지할 수 있다. 우리 집 메이리도 겨울에 빛이 부족한 곳에서 키웠더니 잎이 길어지기는 했지만 잎의 밀도가 느슨해졌다.

물 주기

양치식물은 겉흙이 조금이라도 마르면 물을 주는 것이 좋다. 개별차는 있지만 관엽식물보다는 흙마름에 훨씬 예민한 편이다.

온도

관엽식물처럼 15~25도 정도의 온도가 적절하다.

바람

흙이 촉촉한 상태를 유지하는 것이 좋은 편이지만 적당한 공기 순환이 되어야 흙에 곰팡이가 생기지 않는다.

습도

산이나 숲에서 만나는 양치식물은 주로 큰 나무나 바위가 빛을 한 번 걸러주고 공중 습도가 다소 높은 곳에서 건강히 자란다. 넉줄 고사리나 아스파라거스 고사리, 보스턴 고사리는 예민하지 않지만 아디안텀 고사리처럼 습도에 예민한 양치식물은 실내가 건조하면 잎이 갈라지거나 갈변된다. 그러므로 분무를 매일 여러 번 해주거나 가습기를 가까이 틀어주는 것이 좋다. 내 경험으로는 주변 습도가 30~40%는 되어야 식물이 안정되게 잎을 유지했다.

Plants
$5.00 ea.

향과 맛이 있는 허브식물

허브는 예전부터 향신료에 직접적으로 쓰이고 있다. 원산지가 조금씩 다르지만 보통 우리가 구매하는 허브식물은 지중해 연안의 것이다. 여름에는 따뜻하고 상쾌한 날씨가 뚜렷하고 겨울에는 조금 습하지만 기온이 영하로 떨어지진 않는다. 우리나라 남부지방은 비교적 허브를 키우기 수월할 수 있지만, 서울과 수도권처럼 여름에는 고온 다습하고 겨울에는 저온 건조한 환경이라면 허브를 잘 키우기 쉽지 않다.

허브 중에는 식용이 가능한 식물이 있다. 사실 우리나라에서 즐겨 먹는 부추, 마늘, 깻잎 등도 허브식물이다. 서양 허브식물로는 모히또에 넣는 애플민트, 파스타나 샐러드에 넣어 먹는 스위트 바질, 고기나 생선구이에 넣는 로즈메리가 있다. 민트류나 로즈메리는 음료에도 넣어 먹을 수 있다.

허브의 향과 매력 때문에 나는 봄이 되면
허브식물을 잔뜩 산다.

하지만 관엽식물로 가득한 실내 정원에서
허브는 소수민족일 뿐이다.

허브는 햇빛도 필요하지만 살랑이는 바람까지 충분히 필요한 식물이라 남향 베란다에서도 키우기가 쉽지 않다. 물론 잘 키우는 분들도 있지만 나는 촘촘하게 식물을 들여다보고 돌보는 사람은 아니어서 나랑은 잘 안 맞는 식물이다.

하지만 정원이 있었다면 허브를 잔뜩 키웠을 거다. 겨울이 되면 추워서 봄에 다시 심어야 하겠지만, 그래도 허브 정원은 생각만으로도 로맨틱하다. 내가 성공한 몇 개의 허브들은 로즈메리, 장미 허브, 초코민트, 마리노 라벤더, 피나타 라벤더 정도다. 쓰고 보니 꽤 많아 괜스레 뿌듯하다. 다행히 남향집에 살고 빛이 잘 들어와서 생존해준 것 같다.

잉글리쉬 라벤더는 사온 지 얼마 안 돼서 떼로 죽는 일을 겪었다. 그 뒤로 한두 개를 키우다가 또 보낸 적이 있다. 오기가 생겨 봄이 오면 다시 도전해볼 생각이다. 비슷하게 생긴 마리노 라벤더는 겨울이 되어 집안으로 들인 이후로 비실거리고 있어 불안하다. 한겨울에 서큘레이터라도 틀어야 하나 싶다.

허브는 기본적인 환경이 따라주지 않으면 생존 자체가 어려운 식물이다. 대형 허브를 아파트 베란다에서 키우고 있는 사람이 있다면 스승으로 모셔야 한다. 각 식물마다 원하는 환경은 조금씩 다르다. 같은 자리에서 허브를 키워도 쉽게 시드는 허브가 있지만 무던하게 오래 가는 식물도 있다. 돌파구를 찾겠다고 최근에 식물 조명등으로 허브를 키우고 있는데 몇 달째

겨울을 잘 보내고 지금도 새순이 올라오고 있다. 실내에서 허브를 키우고 싶다면 식물등을 추천한다.

허브 공부를 하겠다고 원서를 구해 읽다가 2주마다 영양제를 줘야 한다는 말을 듣고 적잖게 놀랐다. 사계절이 '봄봄봄봄'인 곳에 사는 사람일 것 같다. 사실 로즈메리를 오랫동안 키웠는데 쨍쨍한 햇빛만으로도 충분히 폭풍 성장하는 모습을 봤지만 영양제를 주고 난 후에는 '초 폭풍 성장'을 하는 모습을 본 적이 있으니 저자의 말이 일리가 있다.

빛

실내에서 키운다면 가장 밝은 곳에 두고 키워야 한다. 직접적인 햇빛이나 창을 한 번 거른 햇빛이 8시간 이상 들어오는 곳이 좋다. 나는 식물 전용 조명으로 허브를 키우기도 한다.

물 주기

겉흙이 충분히 마르고 나면 물을 주는 것이 좋다. 분갈이를 할 때도 관엽식물보다는 물이 훨씬 잘 빠지도록 심어야 한다.

온도

15~25도 사이가 적당하다.

습도

허브는 건조한 환경에서 키우는 것이 좋다. 원산지가 어떤 기후인지 생각해보면 추측이 가능하다.

식물과 함께하니 조쿠려

카하~

초대 받지 않은 손님, 해충

한여름이 지나고 선선한 가을이 되었는데도 하루살이 벌레가 줄지 않아서 이번 해는 비가 많이 와서 그런가 보다 했다. 10월 말에도 카페에 모기들이 출몰했으니까. 베란다에 날파리가 하나둘 끊이질 않던 어느 날이었다. 화원에서 데려온 예쁜 목베고니아를 분갈이하려고 분갈이 흙이 든 통을 개봉한 순간! 하루살이 군대가 사방으로 쏟아져 나왔다.

'야호 드디어 탈출이다!'

하루살이 목소리가 들린 것 같은 찰나, 서둘러 뚜껑을 덮었다. 통 윗면 안쪽 동서남북으로 시체들이 덕지덕지 붙어 있었다.

'아, 젠장…'

밀려오던 졸음이 훅 날아갔다.

'아, 어떡하지?'

빨리 하루살이를 박멸해야 한다는 생각에 에프킬라부터 찾았다. 그렇다. 나는 식물용 해충제가 집에 없는 그런 인간이다. 심호흡을 하고 화장실에서 문제의 통 뚜껑을 열자마자 2초간 에프킬라를 발사하고 바로 뚜껑을 덮었다. 5분쯤 지나 뚜껑을 열어보니 한 마리도 남김없이 시체가 돼 있었다.

이 흙이 이제 쓸모 있는 흙인지 아닌지 판단이 서질 않아서 일단 벽에 붙은 시체들을 휴지로 다 닦아내고 겉흙도 4~5cm 덜어냈다. 너무 많은 양이라 버리긴 아까워서 뚜껑을 연 채로 베란다에 건조한 뒤 집에서 키울 식물들 분갈이에 쓰기로 했다. 물론 흙 안에는 내 눈에 보이지 않는 온갖 균들이 번식했을 수도 있다. 식물에게 치명적일 수도 아닐 수도 있다. 그래서 일단 흙을 써보기로 했다. (궁금한 건 바로 알아봐야 직성이 풀리는 성향이다.)

에프킬라 미스트를 듬뿍 먹은 흙을 3일 동안 통풍시키는 과정을 진행했다. 다행히 이 글을 쓰는 지금 벌써 3개월이 지났지만 분갈이한 식물들은 별 탈 없이 잘 자라고 있다. 날벌레 하나 탄생하지 않고 무탈하게 말이다.

치명적일 것으로 예상했던 일도 막상 일어나면
별일 없이 지나가듯 식물을 키우다 보면 생기는 불상사(?)도
차분히 나만의 방법으로 통과해 보자.
오히려 경험치를 얻는 운 좋은 일이 되기도 한다.

나는 식물 해충제를 자주 쓰지는 않는다. 쓸 일이 별로 없기도 했고, 수습하기엔 이미 늦은 상태여서 해충제가 소용이 없기도 했다. 날벌레들은 환기와 통풍에 신경 쓰면 자연스레 없어진다. 하지만 덥고 습한 한여름은 해충이 활발한 시즌이라 특히 신경을 써야 한다.

추운 겨울에 화분을 실내로 들이면 추위를 피해 날아든 날벌레들이 축축한 실내 화분에 꼬이기도 한다. 사실 해충이 제일 많이 생기는 식물은 과채류다. 봄과 여름에 텃밭에서 채소를 키우면 내가 지금 벌레 농사를 하는 건지 채소 농사를 하는 건지 헷갈릴 때가 많았다.

봄이 되면 어김없이 찾아오는 텃밭 바람 때문에 온갖 채소 모종을 사다가 베란다에 텃밭 농사를 했다. 그런데 베란다 화분에 심어둔 고추, 토마토, 딸기, 가지 같은 채소들은 햇빛이 약한 데다 통풍까지 잘되지 않아 면역력이 떨어져 결국 해충이 생기기 시작했다. 부추, 상추, 셀러리 등 생존한 채소들도 있었지만 물 때를 놓치거나 영양이 부족해져 비실비실해졌다.

채소 1개는 관엽식물 5개를 키우는 것과
비슷한 돌봄과 에너지가 필요해서 베란다 농사는 벅찼다.
하지만 봄마다 또 다시 도전하는 게 바로 나다.

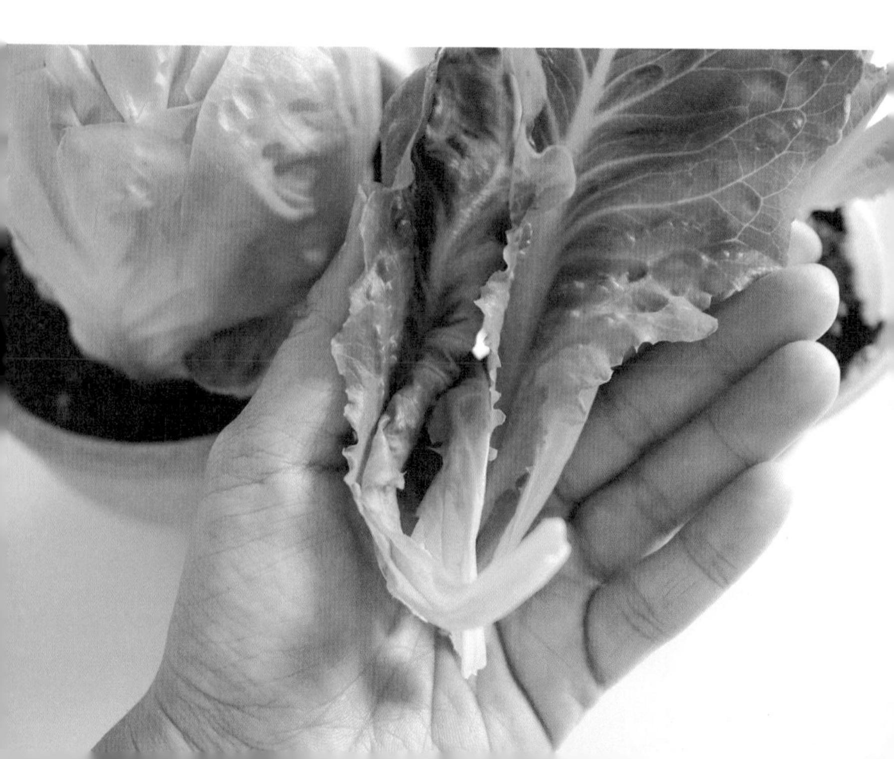

엄마의 시크릿 가드닝

겨울이 되고 실외 온도가 5도 이하로 떨어지면 베란다에 있는 식물들을 실내로 들인다. 안 그래도 좁은 거실은 더 복닥복닥해진다. 베란다에서 쨍쨍한 햇빛을 받으며 기고만장하게 자라던 식물들은 거실로 들어오면서 슬슬 생기를 잃기 시작한다. 죽지는 않고 연명하는 정도라 할 수 있다. 관엽식물은 그나마 낫지만 허브나 야생 초목들은 이파리부터 힘없이 달려 있다.

우리 엄마도 식물을 많이 키운다. 10분 거리에 사는 엄마 집에 들른 어느 날이었다. 추위에 어깨를 잔뜩 웅크리게 되는 날이었는데, 엄마네 식물들은 봄을 맞은 것처럼 반질반질하게 잘 크고 있었다.

"여기는 얘들이 진짜 잘 크네."

"내가 항상 난방 뜨끈뜨끈하게 해두잖아."

"우리 집도 따뜻한데…"

일주일 뒤 본가에 다시 갔는데 지난번보다 이파리가 더 커져 있었다.

“엄마 이제 식물 진짜 잘 키우네! 얘네 잎 자란 것 좀 봐. 아니 형광 스킨답서스는 이렇게 쑥쑥 잘 키우기 힘든데 신기하네. 아니 잎이 왜 이렇게 커졌어? 옆에 옥시카르디움도 엄청나게 컸네. 우리 집 거는 자라긴 해도 좀 비실비실해. 추워서 그런가 봐.”

“박카ㅅ…”

엄마는 내 눈치를 슬쩍 보며 나지막한 목소리로 자백했다.

“뭐? 진짜? 박카스 줬어? 왠지 잘 자라더라.”

엄마가 식물에 박카스를 준 건 처음이 아니었다. 내가 잔소리할까 봐 처음부터 말하지 못했던 것이다. 때는 바야흐로 2년 전으로 거슬러 올라간다.

“내가 얼마 전에 TV에서 봤는데 콜라나 박카스를 식물한테 주면 잘 큰다더라.”

“엄마, 콜라를 왜 줘. 내가 다음에 올 때 영양제 갖다줄게.”

“아니 TV에 보니까 박카스 주고 잘 키웠다고 나왔다니까. 집에 박카스 많아. 영양제 안 줘도 돼.”

처음에 엄마의 핸드메이드 영양제는 실패였다. 박카스를 희석해야 하는데 비율을 잘못 맞춘 건지 그때는 식물 상태가 더 안 좋아졌다. 그 날 이후로 엄마는 식물들에게 몰래 박카스를 주고 내 앞에서는 안 준 척을 해왔다. 엄마표 영양제는 한두 번의 시행착오를 거쳐, 이번 겨울에는 엄마가 키우던 대부분의 식물에서 모두 성공적인 결과를 얻었다.

이제는 당당하게 식물 옆에
박카스 병을 둔 우리 엄마, 귀엽다.
식물 확대범의 스킨답서스가
탐이 나 분양을 받아 왔다.

엄마의 시크릿 가드닝에 호기심이 생겨 유튜브를 검색해보니 엄마 연배쯤 된 유튜버께서 박카스를 섬네일로 화초 원기 회복을 강조하고 계셨다. 열정 있게 사는 어르신들이 귀여웠다. 주방세제, 소주, 맥주, 그리고 박카스를 물에 희석해서 진드기 없애는 방법까지 배웠다.

식물과
신뢰 쌓기

작년 늦가을 한련화를 사서 베란다에서 키웠다. 화원에 있을 때도 최상위 상태의 식물은 아니었다. A급 상태의 친구들이 다 팔리고 덩그러니 남은 세 친구 중 두 친구를 데려왔다. 새빨간 꽃과 오렌지 색의 꽃이 동시에 흐드러지게 핀 모습이 너무 인상적이라 충동구매를 했다. 우리 집에 온 지 한 달이 지나고 분갈이를 시도했다.

분갈이 전부터 이미 잎이 우수수 떨어지는 중이라 걱정이 됐지만 식물을 강하게 키우자 주의인 나는 씩씩하게 한련화를 새집으로 옮겨주었다. 분갈이를 하고 이틀이 지나자 전체적으로 잎이 살짝 처지더니 잎들이 노란색으로 변하기 시작했다. '아, 죽는 건가…?' 우리 집 베란다에서 가장 양지바른 곳에 두었지만 마음을 비우기로 했다.

그렇게 일주일 정도 무관심한 척 바라보기만 했는데 열흘쯤 지나자 조금씩 기운을 차리는 듯하더니 새순이 나오고 잎들이 창가를 향해 빵긋 피어났다.

시들어 가던 식물이 되살아나면
좋은 일이 일어날 것만 같은 기대감이 생긴다.
때로는 식물을 기다려줘야 하는 시간도 필요하다.

가끔은 식물에게 기대어 볼까

손가락이 골절됐다. 원고 마감일은 다가오고 마음은 쫓기고 미칠 노릇이었다. 2주 동안 깁스를 하고 있어야 해서 앞으로가 막막했다. 하루 종일 집에만 있다 보니 식물을 돌보는 시간이 늘었다. 글이 안 써지면 무작정 식물에 눈이 갔다. 상한 잎을 잘라주고 물이 필요한 건 아닌지 흙에 손가락도 푹푹 찔러댔다. 뿌리가 화분 밖으로 나온 친구들은 분갈이도 해줬다.

내가 식물을 키우고 돌보는 거라고 생각했는데, 식물을 돌보다 보면 어느새 스트레스가 사라지고 내 마음이 맑아진다.

식물의 변화를 관찰하면서 집안도 돌아본다. 세탁기 돌아가는 소리 말고는 아무것도 들리지 않는 적막한 오후. 어쩌면 봄 성수기에 바쁘게 지낼 내가 가장 그리워하게 될 순간일지도 모른다.

식물은 매일 새로운 모습이라 볼 때마다 기분이 새롭다. 식물이 있으면 심심하진 않다. 무료한 날에는 소일거리를 주고 정신없이 바쁜 날에는 '식멍'으로 마음을 달래준다. 소리 없이 나를 응원하고 위로해주는 존재다.

식물을 좋아하는 일은 굉장히 단순해 보이지만 사실은 복잡 미묘한 과정의 연속이다. 식물을 좋아하는 사람들만 살펴봐도 알 수 있다. 관엽식물을 좋아하는 사람, 무늬가 있는 식물을 좋아하는 사람, 난을 좋아하는 사람, 다육이를 좋아하는 사람, 분재를 좋아하는 사람 등 너무나 다양하다. 식물을 즐기는 방법도 다양하다. 식물을 키우는 사람, 식물 사진을 찍는 사람, 식물 그림을 그리는 사람도 있다.

보기만 해도 흐뭇해지는 식물은
우리에게 많은 것을 내어주는 존재다.

식물도 노력 중

식물은 어떻게 생존할까?

나름 식물 전문가라는 직업으로 밥벌이를 하고 있지만 식물학자처럼 교양 있는 어휘를 섞어서 그럴듯하게 말해본 적은 없다. 내친김에 쉽게 정리된 초등학교 과학 교과서와 지식백과에서 식물에 관해 찾아봤다.

요약해 보면 이렇다. 우리가 음식 섭취를 통해 생존하듯 식물은 광합성을 하면서 생존한다. 광합성을 하려면 물과 이산화탄소가 필요하다. 잎의 기공*으로 공기 중의 이산화탄소를 흡수하고 뿌리로는 흙에 있는 수분을 흡수한다. 이렇게 이산화탄소와 물이 식물 안에서 만나고, 식물이 햇빛을 받으면 이때 산소와 물, 포도당이 생긴다. 여기서 생긴 포도당(양분)이 식물이 활동하는 데 필요한 에너지가 되는 것이다.

식물의 하루를 상상해봤다. 어디까지나 상상이다.

'에휴, 어제 비가 와서 그런가, 아침부터 온몸이 축 늘어지네. 올해는 왜 이렇게 비가 많이 와. 내 집사는 식물 초짜라 자꾸 겉흙이 마르지도 않았는데 물을 주네. 아니 그렇게 신경 쓰이면 나를 햇빛이 있는 곳에 둘 것이지, 여긴 빛도 별로 안 들어

---

* 기공: 식물의 잎이나 줄기의 겉껍질에 있는, 숨쉬기와 증산 작용을 하는 구멍

오는데 물은 왜 꼬박꼬박 주는 거야. 누가 우리 집사 좀 말려줘.

요즘 날이 흐려서 내가 잎에 있는 기공도 잘 안 여는데 큰일이네. 봄, 여름처럼 햇빛도 좋고 실내 온도가 높을 때야 내가 호흡을 많이 하지만, 지금처럼 공기도 축축하고 바람도 안 부는 이때, 하필 나한테 관심을 가지고 난리야. 지금 몸에 수분이 너무 많아서 밸런스가 깨지고 있어. 수분을 좀 내보내야 해.

후~ 후~ 그래, 숨을 열심히 쉬어보자. 들이쉬고, 내쉬고. 아우 힘들어. 이러다간 몸살 나겠어. 이젠 그냥 좀 시들어야겠다. 아플 땐 아픈 티를 내야 해. 그래야 저 집사가 고민을 좀 하겠지? 그래, 신호를 주자!'

식물 집사는 식물 잎 여러 장이 새까맣게 타들어 간 모습을 보고서야 뭔가 이상하다는 걸 느낀다.

식물은 우리에게 열심히 신호를 보낸다. 물이 많으면 잎끝에 물방울이 맺히기도 하고, 과습으로 죽은 뿌리가 잎에 수분을 공급하지 못해서 잎이 까맣게 시들어 가기도 한다. 반대로 물이 부족하면 잎이 아래쪽으로 축 처지면서 수분 부족을 온몸으로 알려준다. 우리도 식물을 위해 노력하지만, 식물도 생존하기 위해, 잘 살아가기 위해 우리에게 부단히 신호를 보낸다.

'집사야, 나 잘 보고 있지? 내 몸을 잘 관찰해봐. 힌트가 보일 거야. 힘내! 그리고 나 잘 보살펴줘서 고마워. 내가 여기서 믿을 존재는 너뿐이야. 우리 잘 지내보자!'

식집사의 낭만 가득한 오후

식물을 키우는 우리 마음속에는 늘 응큼한 의도가 숨어 있다. 정말 식물이 잘 자라기를 바라는 마음만 있다면 식물이 가장 살기 좋은 숲에서 식물이 잘 크는 것만 봐도 흐뭇할 것이다. 하지만 우리는 굳이 빛도 부족하고 바람도 없는 집에 식물을 꾸역꾸역 사 들고 온다. 바로 나를 기쁘게 하기 위해서다. 식물이 잘 커주면 나와 내 집, 내 방의 공간도 예뻐지니까. 식물로 채우고픈 욕망이 '드글드글'하다.

내가 꿈꾸는 일상을 상상해보면 이렇다. 푸릇푸릇한 식물이 적재적소에 자리 잡은 우리 집에서 나는 여유를 즐긴다. 오후 4시의 따뜻하고 나른한 빛이 거실 창을 뚫고 들어온다. 나는 햇살이 내려앉은 포근한 의자에 앉아 한 손에는 커피, 다른 한 손에는 책을 든다. 바쁜 현대인들이 회사 업무로 미간을 찌푸리는 시간에 난 한가로운 오후를 즐긴다. 그게 내가 꿈꾸는 모습이다. (방금 내 코에서 콧방귀가 나왔다.) 상상만으로도 즐겁다.

이런 여유로움을 카메라에 담고 싶어 스마트폰을 들고 연신 사진을 찍는다. SNS에 올릴 생각을 하니 발끝부터 설렘이 차오른다. 하지만 지금 내 현실은 집에 쉰내 안 나게 하는 방법을 찾는 데 급급한 모습뿐이다.

우리 집
실내 정원
만들기

정원은 나에게 식물을 보살피고 자연에 감탄하는 공간이지만 한편으로는 식물이 그런 나를 봐주는 곳이기도 하다. 서로가 필요한 우리만의 공간이자 나의 사적인 휴식처다. 20평도 안 되는 작은 아파트에서 나는 늘 정원을 꿈꾼다. 마당이 있는 곳으로 이사를 갈 수 없으니 건장한 남자 하나가 누우면 딱 맞을 베란다에서 식물을 이리저리 옮겨 가며 나만의 작은 정원을 꾸려나간다. 추운 겨울이 되면 그마저도 누릴 수 없어 실내에서 선반과 조명의 힘을 빌려 식물과 함께 살아간다.

실내에 토분이나 세라믹 화분을 두고 키우다 보니 조금 지루해질 때가 있었다. 거실에 있는 가구나 테이블 소재와 비슷한 결의 화기를 찾고 싶었다. 화분이 아닌 곳에 식물을 심는 일은 매번 신선했고, 오브제와 식물의 중간 세계쯤에서 온 듯한 식물을 좋아하게 되었다.

식물의 집이 바뀌면 식물의 얼굴도 달라지기에 여러 가지 식물 오브제를 즐겨 만든다. 실내에서 쓰는 가구나 벽의 질감과 색상에 잘 어우러질 수 있는 오브제를 찾기 위해 다양한 시도를 해왔다.

같은 디자인이더라도 식물을 교체하고 식물의 집으로 쓰이는 재료와 흙의 질감과 색상까지 변화를 주다 보면 어느새 새로운 분위기로 재탄생한다. 이러한 점에서 테라리움과 이끼볼 화분은 사람들에게 특히 사랑받고 있는 것 같다.

화분에 식물을 심는 것보다는 섬세한 손길이 필요하지만
누구나 만들 수 있는 식물 오브제를 통해
식물이 가진 가능성과 아름다움을 즐겨 보길 바란다.

선인장 테라리움

사막의 아름다움을 담은 선인장 테라리움

테라리움Terrarium은 라틴어 'terra(땅)'와 'arium(공간)'의 합성어인데, 흔히 투명한 유리볼에 소형 식물을 다양하게 식재한 디자인을 뜻한다. 처음 식물 수업을 들으며 테라리움을 접했을 때 식물을 화분에 심지 않는다는 점이 신선했다. 투명하고 묵직한 유리볼에 다육이와 선인장을 식재하고 여러 질감의 돌로 마감하니 하나의 작품이 완성됐다. 똥손인줄 알았던 내 손이 해내는 걸 보고 자신감이 차올랐던 순간이 기억난다. 예술가가 된 것만 같았다.

심는 사람에 따라 완성작은 사막이 되기도 하고 바다가 되기도 한다. 다육식물마다 생김새와 분위기가 달라서 함께 심는 식물에 따라 풍경이 시시각각 변한다고 해도 과장이 아니다. 같은 식물과 같은 재료로 시작하지만 완성된 모습은 천차만별이다. 똑같은 테라리움은 하나도 없다. 유리볼에 식물을 어떻게 배치해야 할지 엄두를 못 내는 사람들에게 간단한 지침을 안내한다.

"키가 작은 식물은 앞쪽에, 큰 식물은 뒤쪽에 심으면 밸런스가 맞아요. 오로지 식물로만 공간을 다 채울 필요는 없습니다. 화산석도 자연의 일부고, 여백의 미가 더 아름다울 때도 있어요."

'사막의 오후'
선인장 테라리움 하면 나에게 떠오르는 말이다.

따뜻하고 나른한 사막을 바라보는 기분이 들어서다. 유리볼 속 작은 사막 정원은 정적인 생동감도 있지만 눈을 편하게 해주는 모래 덕분인지 보고 있으면 마음이 편안해진다.

다육식물에 대해 아는 게 없을 때는 나이 지긋한 어머니들의 취미 생활용 식물이라고 생각했다. 어머니들의 베란다를 차지하고는 끝없이 번식해가는 친구들이란 이미지가 강했다. 한옥 인테리어의 식당에 가면 한쪽 모퉁이를 장악하는 식물이었다. 선인장은 가시가 있어 찔리면 아프다는 이미지로 각인되어 있기에 딱히 친근감이 드는 식물은 아니었다. 하지만 테라리움에 처음으로 다육식물을 식재한 날 이후로 180도 생각이 바뀌었다. 작은 유리볼 안에서 수백 만 가지의 그림이 펼쳐지기 시작했기 때문이다. 다육식물을 바꾸거나 자리 배치만 달리해도 새로운 풍경이 눈앞에 나타났다. 다육식물은 이제 늘 새롭고 신기한 대상이 되었다.

테라리움의 시간은 느리게 간다. 다육식물의 성장 속도가 느린데다가 빛이 부족한 실내에 두면 더욱 느려진다. 가능하면 햇빛이 쨍하게 들어오는 가장 밝은 곳에서 키우기를 추천한다. 빛이 부족하다면 낮 시간에는 스탠드 조명 아래 두고 키우는 것도 좋다. 스탠드 조명을 식물용 전구로 교체하면 식물도 웃자라지 않고 건강하게 자라며, 자연스럽게 플랜테리어까지 완성된다.

식물과 조명 하나만 있어도
공간의 분위기가 확 달라진다.

셀프 가드닝

난이도는 높은 편이지만 천천히 시간을 갖고 만들면 마음도 차분해지고 기대 이상의 작품이 탄생한다. 식물을 대하는 시간만큼은 느리게 살아보자. 유리볼 입구는 보통 손 하나가 들어가는 크기라서 핀셋과 붓이 있으면 조금 수월하다.

준비 재료

- 다육식물 소형(2~4개): 유리볼 크기에 따라 개수가 달라진다.
- 빈 용기: 식물을 포트에서 빼면 흙이 사방에 떨어지니 용기를 이용한다.
- 수조 어항: 입구 지름이 15cm인 유리볼 소재
- 마사토: 소립. 촘촘하게 틈을 채워줘서 깔끔하게 완성된다.
- 배양토: 300~400ml 정도
- 색 모래: 흰색, 분홍색, 노란색 등 색상이 다양해서 취향에 맞는 색을 고르면 된다.
- 핀셋, 미술용 납작붓
- 지름 3~5cm의 화산석

① 마사토를 유리볼 아래에 3cm만 깔아서 배수층을 만든다.

② 배양토를 중앙에 3cm 정도 깔아 준 후 마사토를 가장자리에 한 번 더 깔아서 깔끔한 레이어를 완성한다.

③ 다육식물을 포트에서 빼서 준비해 둔다. 그 다음 식물을 심고 싶은 자리의 흙을 손가락으로 조금 파둔다. 식물의 뿌리부터 잘 넣어주고 흙으로 다시 뿌리를 덮는다. 이때 식물에게 가시가 있다면 옆에 있는 식물에게 닿지 않도록 주의한다.

④ 식물이 스스로 지탱하지 못하면 마사토를 주변에 깔아서 지지해준다.

⑤ 식물을 다 심고 나면 마사토를 2~3cm 전체적으로 깐다.

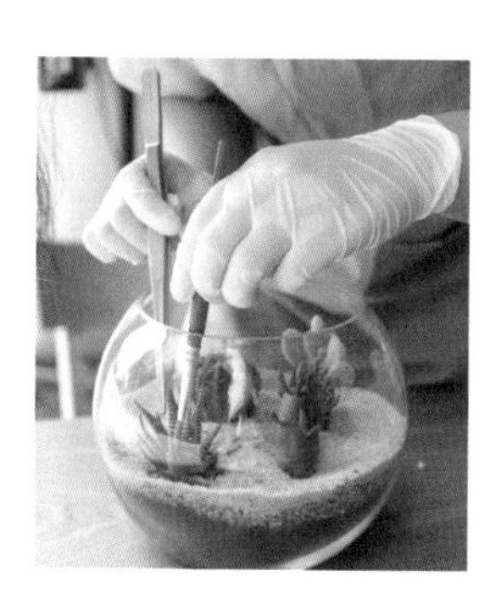

⑥ 이제 색 모래를 2~3cm 깔아준다. 붓을 이용해 식물에 들어간 마사토나 흙을 살살 턴다.

⑦ 붓으로 모래 결을 정리한다. 아래로 누르듯이 밀지 말고 옆으로 빗는다는 느낌으로 가볍게 정리한다.

⑧ 마지막으로 화산석을 배치한다. 식물 사이 허전한 곳에 두어도 좋고 선인장 옆이나 뒤에 슬쩍 두면 자연스러운 느낌이 살아난다.

화산석이 유리볼 안에 자리 잡으면서 하나의 사막 정원이 완성된다. 자연이 내 눈앞에 펼쳐지면서 이제 실내에서도 자연을 즐길 수 있다.

테라리움 관리하기

빛

다육식물(선인장 포함)은 햇빛이 창에 한 번 걸러진 간접 광이 가장 좋다. 밝은 실내에서 키우면 되는데, 빛이 부족할 경우 시간이 지나면 웃자라서 한쪽으로 기울어질 수도 있다. 실내 스탠드 조명(식물 전구 구매가 어렵다면 일반 LED)과 함께 두면 모자란 빛을 보완해줄 수 있고 인테리어 효과도 있다.

물

살이 통통하던 다육식물이나 선인장이 전보다 홀쭉해지면 물을 준다. 쭈글쭈글해지거나 다육식물의 하엽(가장 아래쪽 잎)이 떨어지면 그때 물을 줘도 늦지 않다. 모든 식물에게 물을 주지 않고 수분이 많이 빠진 식물에게만 줘야 한다.

예쁘게 완성한 테라리움에 바가지로 물을 퍼부으면 모래 결이 다 망가지니 물조리개나 작은 컵을 쓰자. 화산석 위에 물이 졸졸 흐르도록 물조리개로 살살 부어서 식물 뿌리 쪽으로 물이 흐르도록 유도한다. 식물과 화산석 거리가 멀다면 잠시 화산석을 식물 쪽으로 옮겨서 물을 준다. 식물의 지상 높이와 비슷한 높이의 물을 종이컵 크기로 담아서 준다.

이끼볼 화분

식물의 집이 되어주는 이끼

어릴 때는 산에 가면 이끼를 피하기 바빴다. 이끼를 밟고 미끄러져 넘어지면 창피하기도 하지만, 주변 바위나 돌에 부딪히면 그 고통은 말로 표현하기 어려울 정도로 크기 때문이다. 그런데 지금은 이끼가 보이면 휴대폰 카메라부터 켠다.

깃털 이끼를 처음 만져본 날이 아직도 생생하다. 마치 발매트 같은 깃털 이끼를 물에 적시니 숲 향기가 나기 시작했다. 만져보니 폭신폭신해 기분이 좋았다. 식물을 식물에 심다니 이상하고 기발해 보였다. 넓게 펼친 깃털 이끼 위에 흙을 단단히 뭉친 식물을 올려두고 감싸고 있자니 큰 만두를 빚는 것 같기도 했다. 어렵게 완성하고 나면 머리부터 발끝까지 멋있는 식물이 된다.

그날 이후로 이끼의 매력에 서서히 빠져들었다. 등산을 자주 하는 편은 아니지만 가끔 산에 오르면 이끼부터 찾게 되었다. 바위틈에서 싱싱하게 자라고 있는 모습이 신기해서 발길이 떨어지질 않았다.

빛이 한 번 걸러진 조금 으슥한 곳에서
최소한의 물기를 머금고 살아가는 이끼의 생명력에
나는 홀딱 반해버렸다.

이끼볼 화분은 이동 범위가 넓다. 식물에게 필요한 빛만 갖춰져 있다면 책상 위나 테이블에 올려둘 수도 있고, 줄을 달아서 벽에 걸 수도 있고, 고리나 액자걸이를 설치해서 천장에 걸 수도 있다. 화분보다 훨씬 가벼워서 옮기기도 편하다.

테이블 위에 올려둘 때 받침대를 사용하면 이끼도, 가구도 보호할 수 있다. 일반 화분에 심은 식물보다 생기가 넘쳐 공간에 자연미를 한층 더한다. 받침의 종류에 따라 분위기가 사뭇 달라지니 이끼볼 화분의 매력에 안 빠질 수가 없다.

작은 디테일로
디자인의 차이를 가져올 수 있으니
자기 취향을 찾아가 보자.

식물 받침대도 자유자재로 쓰면 된다. 현무암 화분 위에 황칠나무를 올려두니 간결하게 아름답다. 낮은 밥그릇이나 우드트레이를 이용하면 식물 분위기가 차분해진다.

물을 준 직후에 벽에 걸면 이끼에 있던 수분이 벽에 묻을 수 있다. 이때 벽지에 물이 스며들 수 있으니 주의해야 한다. 난은 많은 빛을 필요로 하지 않아서 카페 같은 상업 공간에 플랜테리어로 활용하면 좋다. 난은 물을 자주 주지 않아도 되는 식물이기에 물 주기의 번거로움도 줄일 수 있다.

***이끼볼 화분(식물 난) 물 주는 팁!**

벽에 걸어둔 난의 잎이 수분 부족으로 쭈글쭈글해지면 물을 준다. 물에 이끼볼 부분이 잠기도록 15분 이상 넣어둔다. 물에서 꺼낸 후에는 이끼에 살짝 압력을 줘 물기를 짜준다. 물방울이 떨어지지 않으면 다시 벽에 건다.

셀프 가드닝

이끼볼 화분은 일반 분갈이보다 난이도가 있다. 마음의 여유를 갖고 천천히 하면 혼자서도 충분히 할 수 있다. 2~3개를 만들고 나면 감이 조금 생긴다.

준비 재료

- 배양토 500~600ml
- 낚싯줄 또는 마끈
- 가위
- 이끼볼 화분 받침대
- 분갈이할 식물(관엽 또는 양치식물)
- 분갈이 매트 또는 넓은 받침대
- 깃털 이끼(가로 30~40cm X 세로 15cm)
  *높이 20cm 식물 기준

① 우선 배양토는 물에 적셔서 밀가루 반죽처럼 질퍽하게 준비해 둔다. 이끼는 물에 30분 정도 적신다.

② 충분히 적신 후 이끼 면적이 제일 큰 것을 골라 물을 짜내고 이끼 부분이 바깥쪽으로 가도록 바닥에 미리 펼쳐준다.

③ 포트에서 식물을 빼서 찰흙을 붙이듯 뿌리 주변에 흙을 더해준다. 식물 뿌리를 밀가루 반죽처럼 질펀해진 배양토로 감싸준다. 배양토를 충분히 적신 후 물을 좀 짜서 붙이면 잘 붙는다. 이 과정이 가장 오래 걸린다.

④ 이제 펼쳐둔 이끼 가운데에 식물을 올린다. 이끼로 흙 전체를 감싸 준다.

⑤ 낚싯줄을 20cm 남겨두고 이끼볼 화분을 X자로 감아준다. 20회 정도 감으며, 너무 팽팽하게 감지 않는다. 팽팽하게 감으면 식물이 숨을 못 쉬게 된다. 적당한 압력으로 감아도 이끼는 쉽게 떨어지지 않는다. 이 과정에서 이끼가 자꾸 떨어져도 인내심을 갖고 천천히 진행하자. 처음부터 잘하는 사람은 없다.

⑥ 이끼를 감던 낚싯줄을 자르고 처음에 남겨둔 줄 20cm와 함께 위쪽에서 매듭으로 묶는다. 드디어 완성이다!

완성된 이끼볼 식물을 위에서 내려다 보니
한 폭의 그림 같다.

이끼볼 화분 관리하기

빛

식물에 따라 필요한 빛의 종류나 양이 다르다. 관엽식물을 기준으로 했을 때는 실내등이 있는 곳에만 두어도 좋지만, 가능하면 밝은 곳에 두자.

물

이끼볼 화분에 물 주기는 화분에 주는 것과는 좀 다르다. 싱크대나 화장실로 가져가서 샤워기로 물을 줘도 되지만, 큰 볼에 15분 정도 담가 두면 물을 머금은 식물이 묵직해진다. 식물을 건져낸 뒤 물을 충분히 짜서 원래 있던 곳에 둔다.

분무하기

우리 실내 공기는 이끼에게 굉장히 건조하다. 이끼가 갈변되지 않도록 매일 수시로 분무를 하여야 한다.

이끼 테라리움

식물 킬러도 키우는 이끼 테라리움

이끼 테라리움은 식물 킬러에게 내가 제일 먼저 추천하는 식물 아이템이다. 관리가 쉽기 때문이다. 비단 이끼로 심은 이끼 테라리움은 물을 거의 안 줘도 되고 창가처럼 밝지 않은 실내에서도 잘 생존한다. 처음 이끼를 식재할 때 물을 충분히 주고 나면 그 뒤로는 한두 달에 한 번 물을 줄까 말까다. 용기에 밀폐된 이끼는 스스로 수분과 산소를 만들어 낸다. 작지만 완벽한 생태계를 이루어 살아간다.

우리 집 책상, 선반, 책꽂이에는 이끼가 살고 있다. 오랫동안 노트북 화면을 보다가 눈이 피로할 때 본능적으로 책상에 올려둔 이끼를 찾게 된다. 유리병 안에 살고 있는 작은 이끼를 바라보면 잠시나마 눈이 정화된다. 벽에 설치해둔 선반에도 이끼가 살고 있다. 벽 선반은 인테리어용으로 설치했는데 손은 자주 안 가지만 눈이 자주 가는 곳이라 이끼 테라리움을 두기 딱 맞다. 책을 보려고 들른 선반에서 이끼를 마주하면 상쾌해진다. 작지만 푸릇푸릇한 생기를 머금은 이끼가 2~3mm라도 자라 있으면 기분이 좋아진다. 이끼도 나의 소중한 반려 식물이다.

셀프 가드닝

이끼 테라리움은 만들기가 정말 쉽다.

준비 재료

- 밀폐 캔들병 중형 또는 대형(12~15cm)
- 소량의 비단 이끼
- 마사토, 배양토, 화산석
- 미니 피규어(취향에 따라 추가하기)

① 사전에 비단 이끼를 물에 30분 정도 담근 후 불린다.

② 캔들병에 마사토를 촘촘히 깔고 그 위에 배양토를 얹는다.

③ 이끼와 화산석을 올린다. 취향에 따라 피규어를 추가해도 된다.

④ 마지막으로 배양토가 다 젖을 정도로 물을 준다. 유리병이 투명해서 흙이 어느 정도 젖었는지 알 수 있다.

빛

적당한 실내등이 있으면 충분하다. 책상이나 책꽂이 선반 등 어두운 곳만 아니면 이끼가 생존할 수 있다.

물

밀폐된 유리병이라 수분이 마를 일이 거의 없다. 하지만 흙 일부가 마르면 물을 다시 듬뿍 준다. 장마철이나 후덥지근한 여름 날씨로 인해 안쪽에 계속 습기가 찬다면 뚜껑을 비스듬히 열어두거나 열어서 습기를 닦고 다시 뚜껑을 닫아주면 좋다.

월플랜트, 포켓 목부작

월플랜트Wall plant는 벽에 걸 수 있는 식물을 뜻한다. 어떤 형태이든 가능하다. 실내에서 개인이 키우는 벽걸이 수경식물부터 박쥐난 목부작과 행잉 화분까지 종류가 다양하다. 상업 공간에 식물을 층층이 쌓아 올려 만든 수직 정원도 월플랜트다.

월플랜트는 협소한 공간에 사는 사람들에게 접근성이 좋다. 공간 활용에 효과적이어서 좁은 곳에 식물을 두고 싶다면 월플랜트를 선택해보자. 만약 주택에 산다면 현관 입구나 테라스에 걸어두고 정원에 설치된 호스를 이용해 바로 물을 줄 수 있다. 해가 잘 들어오는 곳이라면 꽃이 피는 식물도 키울 수 있다. 다만 한여름의 직사광선에 식물이 화상을 입을 수 있으니 주의해야 한다.

미국 여행 당시 친구에게 월플랜트를 선물했다. 친구는 해가 잘 드는 2층 화장실에 바로 걸어두었는데, 그 광경을 지켜보고 있으니 너무 부러웠다. 한국에서는 베란다 정도만 햇빛이 잘 들어와도 감지덕지인데, 채광 좋은 화장실에서 식물을 키운다니 비현실적으로 느껴질 정도였다.

한국에 돌아온 후 친구에게 식물의 안부를 물었다. 식물 킬러인 친구의 목소리가 작아졌던 추억이 떠오른다.

이끼볼을 따로 완성한 후 포켓 없이
못을 박아서 낚싯줄을 지그재그로 감아
식물을 고정할 수 있다.

해외에서 유행한 박쥐난 목부작이 우리나라에도 알려지기 시작했다. 박쥐난 목부작은 큰 나무 기둥에 착생해 살아가는 박쥐난의 모습을 재현한 것이다. 나는 목부작에서 아이디어를 얻어 합판에 주머니를 달았다. 이것이 바로 포켓 목부작이다. 먼저 원하는 크기의 합판을 주문해 니스칠을 하고 며칠간 건조시키는 과정을 통해 냄새를 뺐다. 그런 후 커피 원두 자루를 잘라 주머니를 달았다. 주머니에 이끼볼 화분을 넣으니 나름 잘 어울렸다.

밋밋한 벽에 식물을 걸어 두면 공간에 생기가 돈다. 원룸이나 바닥에 식물을 두기 어려운 곳에서도 공간을 잘 활용할 수 있다. 높은 곳에 식물이 있으면 시선이 위로 향하기에 공간이 더 넓어 보이는 효과도 있다.

무엇보다 일반 화분이 아닌 유니크한 식물로
매력을 보여주고 싶은 곳이라면 힘있게 추천하고 싶다.

박쥐난이 생소하다면 스파트필름, 스킨답서스, 테이블야자 등 키우기 쉽고 강인한 식물로 포켓 목부작을 직접 만들어 키워 보자.

셀프 가드닝

준비 재료

- 가로와 세로가 최소 25cm 이상인 나무 합판
- 커피 원두 자루
- 전동 드라이버
- 나사못 8~10개
- 식물
- 깃털 이끼 또는 수태
- 녹화끈

① 정사각형 나무 합판을 준비하여 니스칠을 하고 이틀 정도 건조한다. 이때 냄새가 강하니 외부에서 건조한다.

② 원두 자루를 필요한 만큼 자른다. 가로는 합판의 2배 길이어야 하고, 세로는 합판보다 3~4cm 짧으면 된다.

③ 뒷면 후크: 뒷면 중앙에 못을 1~2개 박아서 고리를 만든다. 녹화끈을 달아 벽에 걸 수 있다.

④ 주머니: 커피 원두 자루 바깥쪽을 안쪽으로 접어 나사를 박아준다. 주머니는 이끼볼이 들어갈 만큼 충분히 크게 만든다.

⑤ 뒷면 못에 녹화끈을 걸어 벽에 걸어준다. 물을 주고 나면 무겁기 때문에 벽에 못을 박아야 한다. 높은 선반에 세워 둘 수도 있다.

포켓 목부작 관리하기

빛

포켓 목부작은 식물의 환경에 맞게 관리하면 된다. 관엽식물과 양치식물이라면 밝은 실내에서 키우면 된다. 이끼는 식물의 뿌리를 감싸는 역할만 해주기 때문에 특별한 관리를 하지 않는다.

물

물은 이끼볼 화분처럼 동일하게 준다. 포켓에서 식물을 통째로 꺼내어 물에 15분 이상 담갔다가 빼서 물을 짜낸 다음 포켓에 다시 넣어준다. 바닥에 물이 뚝뚝 흐르지 않도록 충분히 물이 빠진 뒤에 제자리에 두어야 한다.

그린 테라리움

테이블 위 작은 정원

테라리움의 싱그러움을 따라잡을 식물이 있을까.

초록이들로 똘똘 뭉쳐진
작은 세상은 늘 시선을 끈다.

테이블에 올려 두면 인테리어 효과도 있지만
자연에 한 발짝 가까이 다가간 느낌이다.

서로 다른 모양과 초록 색깔이 어우러져 보는 사람의 눈이 늘 즐겁다.

처음 그린 테라리움을 만들 때 식물을 화분에 심지 않는다는 것이 이상하지만 좋았다. 식물은 화분에 사는 게 늘 당연하다고 생각했지만 유리볼 안에서 더 건강하게 자라는 모습을 관찰한 후로는 식물에 대한 호기심이 증폭되기도 했다.

바쁜 업무로 인해 심신이 피로해졌다면, 마치 영화 아바타에서 나온 것 같은 그린 테라리움을 찾아 감상해 보자. 피로가 풀리고 정신이 맑아질 것이다. 여유가 된다면 테라리움 만들기를 취미로 시작해보면 어떨까. 머리를 지끈하게 하는 잡생각이 사라지고, 생각보다 완성도 있는 작품을 만들어내는 자신의 멋진 모습을 발견할 수도 있다. 완성된 작품을 보면 스스로에게 꽤 놀랄 수도 있다.

양치식물과 잎이 작은 관엽식물이 풍성하게 자리 잡은 그린 테라리움은 테이블 센터피스로도 더할 나위 없다. 일부 양치식물은 원래 잎의 크기도 작고 성장 속도도 느린 편이라 테이블 위에서 키우기 좋다. 단순 초록색이 아닌 무늬가 있는 식물들은 빛을 더 필요로 하니 밝은 실내에 두고 키워야 식물 고유의 색감을 잃지 않는다. 입구가 좁은 유리볼은 특별히 공중 습도를 신경 쓰지 않아도 괜찮다.

오픈된 테라리움은 분무를 자주 해서 공중 습도를 높여 주면 잎이 더 건강하게 자라 깔끔하게 관리할 수 있다. 양치식물 중에 보스턴 고사리, 더피 고사리, 아비스, 박쥐난 등을 추천한다. 양치식물은 건조한 실내에서 잎이 푸석푸석해지는 경향이 있지만 위 4가지 식물은 덜 예민한 편이다.

실내에 자연을 들이는 일은
생각보다 어렵지 않다.

셀프 가드닝

준비 재료

- 양치식물 1~4개
  (수반의 크기에 따라 상이)
- 적당한 크기의 화산석
- 비단 이끼(필요한 만큼)
- 유리볼 또는 유리 수반
- 마사토 또는 난석
- 분갈이흙(원예용 상토)

① 유리 수반에 난석이나 마사토를 얇게 깔고 식물을 올려 높이를 가늠한다.

② 키 큰 식물을 뒤나 옆으로 배치하여 작은 식물이 큰 식물에 가려지지 않도록 한다.

③ 수반이 낮으면 상토와 마사토를 7:3으로 섞어 심는다. 뿌리를 상토로 잘 덮어준다.

④ 비단 이끼와 화산석을 과하지 않게 배치한다. 비단 이끼를 빈틈없이 꽉 채우면 식물이 숨을 쉬기 힘들어진다. 심플한 디자인이 때론 가장 아름답다.

그린 테라리움 관리하기

빛

양치식물은 반음지 식물이라고 알려져 있지만 사실 실내 밝은 곳도 반음지라고 말할 수 있기 때문에 최소한 실내등이 있고 빛이 잘 드는 곳에서 키워야 한다. 실내 어두운 곳은 피한다.

물

처음 식재 후에 전체적으로 골고루 물을 준다. 투명한 유리 덕분에 흙이 얼마나 젖었는지 직접 확인할 수 있다. 이후 상토가 1/3 정도 마르면 물을 준다.

습도

매일 식물 주변에 분무를 해서 공중 습도를 높인다.

통풍

통풍은 모든 식물에게 중요하다. 7일이 지나도 흙이 잘 마르지 않는다면 실내에 공기 순환이 안 되고 있다는 뜻이니 통풍이 잘 되도록 한다.

5개월 할부 식물 여행

미국 동부에서 캐나다 퀘벡까지

INCOMER
SAVEUR
Esquire
REPTILES
maine.
THE NEW YORKER
THE NEW YORKER
48HRS maine.

내 친구의 집은 어디인가

뉴욕 JFK 공항 안으로 들어서자 미국인들에게서 나는 특유의 달콤한 바디용품 향기가 코끝을 스쳤다. 이미 13시간 반을 무동력(?) 자세로 버텼는데 1시간을 더 가야 한다. 그 다음 보스턴 공항에서 버스로 2시간을 더 이동해야 목적지에 도착할 수 있다. 나의 목적지는 바로 미국 동부 메인주에 있는 포틀랜드다.

보스턴으로 가는 비행기를 갈아타기 위해 게이트에 도착했는데, 유난히 사람들로 북적였다. 잠시 후 안내판에 내가 타야 할 항공편이 2시간 지연된다고 떴다. 순간 짜증이 밀려왔지만, 얼른 마음을 진정시키고 대기 의자에 앉아 나의 구세주인 휴대폰을 꺼냈다. SNS를 열어 자랑이지만 자랑 아닌 척하는 게시물을 올리며 해시태그를 달았다.

#미국 여행은 힘들어 #몇 년 만에 포틀랜드

휴대폰을 뒤적이다 보니 금세 탑승 시간이 되었다. 역시 구세주가 맞다. 비행기에 오른 지 1시간이 좀 넘어가자 보스턴이 보이기 시작했다. 드디어 보스턴 하늘에 내가 떠 있었다. 기분이 조금 이상했다. 보스턴은 내가 자유로운 영혼으로 3년을 보낸 제2의 고향이었다. 가끔은 그 시간이 그립기도 하다. 싱숭생숭한 마음을 뒤로 하고 비행기에서 내리자마자 나는 열 발가락을 부지런히 꼼지락거리며 수화물 찾는 곳으로 갔다.

내 손에 들어온 캐리어를 끌고 포틀랜드로 향하는 버스에 올랐다. 널찍한 버스 의자에 등을 댄 지 5분 만에 잠이 들었지만, 가는 내내 자다 깨기를 반복했다. '아, 창밖이 너무 아름다워! 이건 꿈에서나 볼 수 있는 풍경이잖아. 완전 그림이야. 얼른 사진 찍어서 인스타그램에 올려야 하는데…' 잠에 취해 있었지만 창밖을 바라보면 그저 행복했다. 비몽사몽인 나를 태운 버스는 한참을 달린 끝에 최종 목적지인 메인주 포틀랜드 버스 터미널에 도착했다.

내가 너무 마시고 싶었던 미국 공기,
이제 공항도 터미널도 아닌 탁 트인 공간에서
마음껏 들이마실 수 있었다.

'그래, 이게 여행이지.'

친구 집에 식물이 없는 진짜 이유

포틀랜드에서 첫 아침을 맞았다. 친구와 친구의 가족들은 곤히 잠들어 있던 이른 아침, 혼자 천천히 집 안의 식물을 둘러봤다. 친구가 어떤 식물을 키우고 있을지 궁금했다.

햇살이 내리쬐는 주방 창가에 작은 식물이 하나 있었다. 손바닥만 한 작은 다육이. 햇살이 어찌나 좋은지 붉게 물들어 있었다. 또 어디에 식물이 있을까 하고 이리저리 둘러보니 2층짜리 넓은 집 안에 살아 있는 식물이라고는 아까 주방 창가에서 본 분갈이도 안 된 다육이 하나와 또 다른 창가에 자리한 소형 식물 3개가 전부였다. (출국 전날 2층 창가에서 오래 묵은 소형 선인장 2개를 더 발견했다. 친구 말로는 10년 넘게 분갈이를 안 했다고 한다. 역시 선인장이다.)

넓디넓은 집에 식물이 왜 이것밖에 없을까 하던 찰나, 아침 일찍 출근해서 밤늦게나 퇴근하는 친구의 모습이 떠올랐다. 어찌 보면 당연하다 싶었다. 친구에겐 식물을 들여다볼 여유가 없었다. 나는 지금 친구 집에 있는 식물들이 죽지 않은 것만으로도 다행이라 여겼다. 하지만 방에서 나온 친구를 보자마자 모닝 인사도 없이 대뜸 식물이 없는 이유를 캐물었다.

"식물이 왜 이것밖에 없어?"

"식물은 죽잖아…"

매사에 큰소리 뻥뻥 치는 씩씩한 친구의 목소리에 바람이 빠져 있었다.

하지만 친구 집에 식물이 없는 진짜 이유는 문밖을 나서자마자 알 수 있었다. 친구는 정원이 있다. 그것도 집 앞과 뒤에 하나씩, 총 두 개다. '그래, 나 같아도 집 안에 식물 안 키운다. 좋겠다. 부럽다!'

PROUD TO
SUPPORT
OUR MAINE
COMMUNITY

DUNKIN'

Buy Local
Shop Local

들어가는 상점마다 Buy Local Shop Local이라고 쓰인 글귀나 포스터가 눈에 띄었다. 처음엔 그저 지역 상인과 상권을 살려주자는 단순한 메시지일 거라 생각했다. 그런데 들어가는 매장마다 예외 없이 포틀랜드에 거주하는 아티스트가 그린 그림이나 사진 또는 핸드메이드 제품을 전시해두고 판매하고 있었다.

소비자가 지역 상권을 이용했을 때 경제적으로 돌려받는 수치까지 퍼센트로 알려주는 포스터를 보면서 단순히 상징적인 캠페인이 아님을 깨달았다. 포틀랜드 사람들이 잘되길 바라는 진심이 전해졌다.

우리나라에서는 보기 드문 모습이라 내가 여행을 오긴 왔구나 라는 생각이 드는 순간이었다. 내가 본 글로벌 브랜드는 던킨도너츠와 스타벅스, 그 두 개가 전부였다. 친구 말로는 도시 전체가 지역 상점과 예술가를 지원하는 캠페인을 벌인다고 했다.

살고 싶은 가게

포틀랜드 다운타운에서 내가 가장 많은 물건을 사고 재방문 한 곳은 한 소품 편집숍이었다. 한국 연남동의 소품숍보다는 큰 곳이었는데, 모든 제품에 관심이 가서 꽤 오랫동안 가게에 머물렀다. 도대체 이 곳은 어떤 매력이 있길래 내가 두 번이나 방문했을까 생각해보니 공간의 분위기 때문이었다.

가게에 들어서자 누군가의 따뜻한 집에 초대받은 기분이 들었다. 작은 단층 주택처럼 오후의 햇살이 창문에 스며들어 편안했다.

상품을 주제별로 보기 좋게 배치한 점이 마음에 들었다. 일상생활에서 자주 쓰는 바디 용품과 인테리어 소품이 곳곳에 하나의 주제로 모여있었다. 테이블마다 하나의 스토리가 있는 것처럼 꾸며져 있었다. 나는 물건들을 세세히 살펴보았다.

나는 장사꾼의 입장에서 어떻게 이 상품들이 한 팀이 되었는지 유추해 보기도 했다. 어떤 테이블에는 손 세정제와 면수건, 핸드크림이 놓여있었다. 손 세정제에 관심이 있는 사람이라면 손을 자주 씻을 것이다. 그렇기 때문에 손을 닦을 부드러운 면수건과 피부를 보들보들하게 할 핸드크림을 같이 쓸 확률이 높다. 아마 가게 사장님도 이런 생각으로 상품을 배치하지 않았을까?

슬쩍 둘러보려고 가벼운 마음으로 들렀는데, 절대 빈손으로는 나갈 수 없을 정도로 선물하기 좋은 아이템이 많았다.

가장 관심이 갔던 제품은
'메인주 야생화'를 소개한 식물 책이었다.

베스트셀러용 책은 아니었다. 하지만 테이블 한가운데 위풍당당하게 그 책이 놓여 있었다. 이것만 봐도 나는 느낄 수 있었다. 포틀랜드 사람들이 자신이 살고 있는 도시에 얼마만큼의 자부심과 애정을 가졌는지를.

국경을 넘다

친구네 가족과 함께 캐나다 퀘벡으로 자동차 여행을 갔다. 차창 밖 풍경은 마치 영화 속 한 장면처럼 비현실적으로 아름다웠다. 너무 좋아서 졸지도 않고 한참을 바라보다 보니 갑자기 심통이 났다. 내 집에서 적어도 20시간 정도는 꼬박 이동해야 이 풍경을 감상할 수 있다는 현실이 불공평하게 느껴져서다.

'조상이 터를 잘 잡았네.'

퀘벡에 와보니 포틀랜드는 아무것도 아니었다. 퀘벡은 훨씬 더 아름다웠다.

Le Lapin Sauté

퀘벡 여행 사진을 검색하다 자주 본 곳이다. 건물 외관을 보스턴 고사리와 토분으로 자연 친화적이면서도 독특하게 디자인한 식당이다. 가게 사진을 자세히 보면 간판 양 옆에 토끼들이 뛰어놀고 있다. 그렇다. 이 식당은 토끼 요리 전문점이다. 나에게 토끼는 귀여움의 상징인데, 이 지역에서는 토끼를 먹는다고 하니 꽤나 신선한 충격이었다. 하지만 퀘벡에서 토끼 고기는 오래 전부터 사냥이 어려운 겨울철에 먹던 토속 음식이었다. 이처럼 낯선 문화를 만나는 것 또한 여행의 묘미 아닐까?

한편, 퀘벡 거리의 건물 창가에는 빨간색 제라늄꽃이 흐드러지게 피어있었다. 왜 하필 제라늄일까? 붉은 제라늄은 퀘벡주 대표 식물이라도 되는 것일까?

퀘벡은 작은 유럽이라고도 불린다. 17세기 프랑스인들이 개척한 곳이다 보니 유럽의 영향을 많이 받았다. 건물 창가에 화분을 두는 풍경은 유럽에서도 많이 볼 수 있는데, 이 풍습이 북미까지 전해진 것이다. 그런데 많은 식물 중에 왜 제라늄이 창가를 차지하고 있을까?

제라늄은 향이 있어 벌레가 싫어한다. 제라늄은 자기 몸을 지키기 위해 벌레가 접근하지 못하도록 화학물질(향기)을 내뿜는다. 제라늄을 창가에 둔 이유는 바로 이 때문이다. 집 안에 벌레가 들어오지 못하게 막으려고 한 것이다. 우리나라는 식물 하면 공기정화가 주요 관심 키워드인데, 여긴 이미 공기가 깨끗하니(캐나다는 미세먼지가 거의 없는 나라다.) 건물 외관에 생기를 더해줄 식물이면 충분하다. 거기다 벌레까지 막아주니 새빨간 제라늄의 유혹에 안 넘어갈 수 있을까?

푸른 하늘과 깨끗한 공기를 마시며 사는

이 도시의 사람들이 부러웠다.

Montreal Botanical Garden

몬트리올 식물원

미국으로 여행을 가야겠다고 결정한 건 떠나기 5개월 전쯤이었다. 당시 나는 식물 일에 지쳐가고 있었다. 새로운 원동력이 필요했다. 그러다 문득 해외 식물원과 정원이 보고 싶었다. 그걸 보면 다시 내 인생의 수레바퀴를 열심히 돌릴 수 있을 것 같았다. 나는 바로 항공권을 검색했다. 그리고 130만 원짜리 항공권을 결제했다. 일시불 아닌 5개월 할부로. 이렇게까지 가야 하나 잠시 회의감이 들었지만, 지금 가지 않으면 나중에 반드시 후회할 것 같았다. 또한 해외 식물원과 정원을 보고 오는 것이 장사꾼인 나로서는 남는 장사라 생각했다.

캐나다 퀘벡주 몬트리올에 위치한 몬트리올 식물원은 세계 3대 식물원에 속한다. 영국 런던의 큐 가든, 독일의 베를린 식물원에 이어 큰 규모를 자랑한다. 식물원에는 2만 2천 종 이상의 식물이 자라고 있다.

식물원을 다 둘러보려면 기본적으로 하루는 잡아야 한다. 일정이 촉박했던 나는 아쉽지만 온실을 집중적으로 보기로 했다. 온실 입구부터 나는 황홀해졌다. 평소에는 찍지도 않던 셀카를 찍었다. 각양각색의 식물을 보자 너무 흥분한 나머지 카메라 끌 틈도 없이 동영상을 찍어댔다. 결국 배터리가 방전되고서야 카메라를 내려놓을 수 있었다. 이렇게 설레고 들뜬 기분은 정말 오랜만이었다. 9박 10일 여행 중 내 쾌락이 정점을 찍은 날이었다.

미국과 캐나다 퀘백에서 2천 장이 넘는 식물 사진을 찍었고, 4년이 지난 지금도 잘 써먹고 있다. 식물원에서 찍은 사진은 강의 자료를 만들 때 저작권 걱정 없이 자유자재로 쓰고 있고, 지금 이렇게 책에 실을 수도 있으니 결론적으로 남는 장사가 맞았다. 식물원 사진만 500여 장인데 어떤 사진으로 어디서부터 풀어야 할지 도무지 갈피를 잡을 수 없어 며칠을 괴로워하다 그냥 글을 사진으로 대신하기로 했다. 식물 그 자체로 멋있기 때문에 수식어를 덧붙일 필요가 없다고 생각한다.

Isabella Stewart Gardner Museum

이사벨라 스튜어트 가드너 뮤지엄

이사벨라 스튜어트 가드너 뮤지엄은 매사추세츠주 보스턴에 위치한 미술관으로, 7,500여 점의 그림, 조각품, 가구 등 수많은 예술품이 전시되어 있다. 왕가의 혈통을 이어받은 이사벨라 스튜어트 가드너가 설립하였다.

처음에는 그녀가 개인 저택으로 사용하다가 1903년 대중에 개방했다. 다양한 예술품을 소장한 것뿐 아니라 고풍스러운 건물, 그리고 꽃과 나무로 가득한 조경 때문에 매년 많은 사람이 찾는 명소다.

보스턴에서 유학할 당시에는 이런 곳이 존재하는지도 몰랐다. 식물에 눈을 뜨고 나서야 알게 된 곳이다. 실제로 가보니 사진보다 실물이 훨씬 웅장하고 예뻤다. 마치 귀족의 집에 들어온 것 같았다. 꽃과 나무 그리고 열대식물 모두가 적재적소에 있어 어느 각도에서 보더라도 감탄이 절로 나왔다.

식물원에서 본 나무보다 더 큰 양치식물이 나무가 된 모습을 보니 경이로웠다. 1901년에 완공된 이후 100년이 훨씬 지난 지금까지 잘 보존해오고 있다는 것이 놀라웠다. 정원의 식물과 조화를 이루는 조각상에서도 오랜 역사를 품은 아우라가 느껴졌다. 유럽식 정원의 고풍스러움과 우아함에 기가 눌려 둘러보는 내내 나의 목소리 볼륨이 저절로 줄어들었다.

마냥 좋아보이는 이곳에는 슬픈 사연이 있다. 바로 설립자 이사벨라가 젊은 시절 자식을 잃는 고통을 겪은 것이다. 더 이상 아기를 가질 수 없다는 의사의 진단을 받고 깊은 슬픔에 빠진 그녀는 우울증까지 앓게 된다. 남편은 그녀를 위로하기 위해 여러 나라를 함께 여행한다. 여행을 통해 슬픔을 치유한 이사벨라는 다양한 예술품과 사랑에 빠지게 된다. 그 결과로 탄생한 것이 바로 오늘날의 가드너 뮤지엄이다.

이사벨라는 죽기 전 '대중의 교육과 즐거움을 위해' 자신의 수집품을 영구히 전시할 것을 유언으로 남긴다. 뮤지엄을 둘러보니 예술을 사랑한 그녀의 마음이 고스란히 전해졌다.

현재 뮤지엄에서는 정기적으로 음악회가 열린다고 한다. 기회가 된다면 방문하여 이사벨라의 손길 하나하나가 깃든 예술품과 정원을 감상해보길 바란다.

Seed to Stem

꿈의 가게

'Seed to Stem'은 미국 매사추세츠주 우스터라는 지역에 있는 식물 부티크숍이다. 한국에서 오랫동안 SNS로 '눈팅'을 했던 곳이라 가는 내내 설렜다.

매장은 내가 생각했던 것보다 꽤 컸다. 숍 입구에서부터 눈이 바빠졌다. 한국에서 보기 힘든 갖가지 식물부터 식물 포스터와 원서에 플랜테리어 소품들까지 다양하게 진열되어 있었다. 빈티지한 소품들과 친환경 생활용품들도 종류가 다양해서 구경할 게 정말 많았다. 내가 좋아하는 다양한 광물도 판매하고 있어서 황홀했다.

내가 꿈꾸는 공간이 이런 곳이 아니었을까라는 생각이 들었다. 한국에서는 볼 수 없는 공간 디자인이었다. 식물이 다양한 오브제와 함께 어우러진 구성을 보면서 제품에 대한 아이디어와 플랜테리어에 대한 여러 가지 영감을 얻었다. 여행 오길 너무 잘했다라는 생각이 들어 입가에 미소가 절로 나왔다.

운 좋게 숍 운영자와 인사를 나눴다. 나는 한국에서 왔고, SNS를 팔로우해서 일부러 찾아온 것이라고 소개했다. 그러자 운영자는 굉장히 기뻐하며 선물을 주었다. 초록색의 반질반질한 자갈이었는데, 돈을 불러다 주는 돌이라고 했다.

선물을 받은 순간 이미 부자가 된 기분이 들었다.
나 또한 그 사장님을 부자로 만들어주고
양손 무겁게 돌아왔다.

이곳에 온 목적 중 하나는 '광물 쇼핑'이었다. 다른 숍에서도 광물을 사긴 했지만 여기처럼 다양한 곳은 없었다. 광물의 아름다움에 빠진 것도 이 브랜드의 SNS를 통해서다.

$15.00
$10.00
$10.00

돌에는 돌이 주는 특유의 안정감이 있다. 그중에서도 특히 광물은 투명하고 화려하면서도 묵직한 기운이 있다. 그래서 우리 집 거실장에는 늘 광물이 놓여 있다. 4년째 그 자리에 있지만 봐도 봐도 질리지 않아 신기할 정도다. 광물은 테라리움에 잘 어울리는 소재여서 여행에서 돌아온 직후부터 식재 디자인에 적용했다. 광물 사진을 찍어 전시하기도 했다. 아직 광물에 대한 내 갈증이 해소되지 않아서 조만간 해외 광물 시장에 나가볼 생각이다.

식물은
사람을
키운다

식물 일을 하면서 식물이나 꽃, 정원 관련 일을 하는 다양한 사람을 알게 되었다. 하는 일이나 표현 방식이 달라 그들로부터 얻는 배움도 있었다. 각자의 자리에서 어떻게 좋아하는 일을 찾게 되었는지 그리고 어떤 미래를 그리며 일상을 지속하고 있는지 그들을 만나 이야기를 나눠보았다.

내가 만난 3명의 인터뷰이는 성인이 되어서도 나처럼 좋아하는 일을 찾기 위해 시행착오를 겪어왔다. 퇴사라는 진통을 겪고, 안정적인 직장 월급과는 이별을 해야 했다. 취미가 돈이 되게 하려면 치열하게 살아야 했다. 누구보다 자기만의 방식과 속도를 유지하기 위해 노력하는 사람들이었다.

인터뷰를 하는 동안 매번 '나도 그런데, 다 비슷하구나'라고 느꼈다. 나 혼자만 힘든 건 아니라는 생각에 위로도 받고, 식물과 자연의 아름다움을 찬양할 때는 함께 즐거웠다.

식물이나 자연이 아니었으면
공통점이 없다고 할 만한 우리들이었다.

한 가지 주제만으로도 긴 시간 지루하지 않게 이야기를 나누며 공감의 기쁨을 누렸다.

시작은 이끼 농부

오재헌

논밭이 무르익어 갈대밭처럼 일렁이는 계절에 강화도 질시루에 있는 이끼 농장을 찾았다. 평소 나는 장마철이 되면 구하기 어려운 이끼들의 행방이 궁금했다. 궁금증을 해결하기 위해 인터넷 검색을 하다 알게 된 곳이 바로 이 농장이다. 인터뷰 장소에 도착해 보니 농부라고 하기엔 다소 어설픈 마치 산악회 모임의 중장년층으로 보이는 아저씨 부대가 있었다. 쌍방의 소개가 오가고 테이블에 마주 앉아 인터뷰를 시작했다. 산악회 아저씨들의 정체는 인터뷰를 시작하자마자 밝혀졌다.

나 자기소개 부탁 드립니다.

오재헌 안녕하세요. 이끼 농부 오재헌입니다. 그리고 제 옆에 있는 이분들 또한 이끼 농부입니다. (일동 인사)

나 초면에 죄송하지만 다들 농사와는 거리가 있어 보이시는데요.

오재헌 그런가요? 저희는 원래 소프트웨어를 개발/공급하는 일을 했어요.

나 소프트웨어요? 정말 식물과는 무관한 일인데요.

오재헌 맞아요. 동료가 병원에 입원해 있을 때 수염 틸란드시아를 선물로 받았는데, 그게 공기정화 식물이더군요. 제가 호기심이 많아서 좀 더 알아보니 공기정화에 더 효과가 있는 식물이 있더라고요. 바로 '이끼'였어요. 그 이후로 이끼에 관심이 생겼어요.

나 우연한 기회에 이끼를 접하신 거네요. 그런데 왜 갑자기 이끼에 관심을 가지셨나요?

오재헌 처음에는 단순하게 미세먼지 저감 쪽으로 비즈니스가 되지 않을까 생각한 게 저희의 출발점이었어요. 독일에 있는 이끼 타워 'City Tree'가 이끼의 가능성에 큰 지표가 됐거든요. 나무보다 12배 가까이 공기정화 효과를 가져다준다는 점에서였죠. 무엇보다 이끼는 다른 식물들의 삶의 터전을 만드는 능력을 가지고 있어요. 이끼를 통해 생명이 생명을 낳는 경이로움을 알게 되었죠. 한마디로 이끼는 생태계에서 없어서는 안 될 공기와 같은 존재입니다.

공사 등으로 흙이 무너져 내려 맨땅이 드러났을 때, 제일 먼저 눈에 보이는 식물이 무엇인지 아시나요? 바로 이끼예요. 어디서 날아들었는지 모르는 사이에 주변에는 이끼 군락이 생기고 그 속에 다른 식물들이 살 수 있는 터전이 만들어지죠. 이같은 현상은 원시지구에서도 마찬가지였을 거예요. 이끼는 온갖 생명 활동이 시작될 수 있도록 깨끗하게 지구별을 청소한 입주청소부였죠. 원시지구는 온갖 유해가스와 화산 분진으로 뒤덮인 아수라장이었으니까요.

나 사소한 궁금증에서 비즈니스 아이템을 찾으신 거군요. 그럼 구체적으로 이끼 농장을 통해 어떤 일을 하고자 하시는 건가요?

오재헌 현재 저희는 이끼 공기청정기를 개발하고 있어요. 한국형 이끼 보급장치로, 실내에서 이끼가 자라는 기계를 개발 중이에요. 이끼를 키우면서 공기의 질도 개선할 수 있는 시스템입니다. 이끼마다 고유의 자생 환경과 화학 특성이 있어서 실내에서도 잘 생존할 수 있는 환경을 찾아주기 위해 노력하고 있어요. 이를 통해 이끼가 스스로 생육할 수 있는 시스템을 만들려고 해요.

그런데 이것을 실현하기 위해서는 무엇보다 이끼가 필요합니다. 이끼 농장을 하는 이유는 단 하나예요. 한국에는 현재 저희에게 필요한 이끼가 없어서죠. 깃털 이끼, 비단 이끼, 서리 이끼가 생산되고 있지만 정작 탄소를 저감해줄 수 있는 이끼들은 많지 않아요.

우리는 궁극적으로 이끼로 도시를 스케치하려고 해요. 그게 무슨 말이냐면 수요와 공급을 같이 만들겠다는 겁니다. 그래서 사람들에게 이끼를 알리기 위한 교육 사업도 할 예정이에요.

나 이끼를 키운다는 게 한국에서는 아직 생소한데요. 다른 나라는 이끼를 많이 키우고 있나요? 어떤가요?

오재헌 제가 아까 초반에 언급한 독일의 'City Tree'를 말씀드릴게요. 'City Tree' 기업은 굉장히 큰 첨단 이끼 농장을 갖고 있어요. 이끼가 모듈화되어 있죠. 이끼를 필요에 따라 교체해서 씁니다. 중부 유럽에서 생육이 가능한 이끼를 복합 식재하기도 해요. 각 지역의 기후에 따라 잘 생육하는 이끼를 공급해 줍니다. 20여개 국에 공급이 되었는데 아마 지역마다 이끼 종류가 다르지 않을까 생각해요.

그리고 독일은 시 자체에서도 도심의 공기질을 개선하기 위해 이끼를 활용하고 있어요. 벤츠와 보쉬 공장이 위치한 도시 슈투트가르트는 도로변에 이끼벽(길이 100m, 높이 3m)을 설치하여 미세먼지와 공해물질을 정화하기 위해 노력하고 있죠.

앞으로 우리 도시에는 더 많은 이끼가 필요할 거라 생각해요. 무너진 도시의 생태계를 다시 복구하기 위해서 말이죠. 2050년에는 전 세계 인구의 3분의 2가 도시에 살게 된다고 합니다. 그만큼 인간은 자연에서 보내는 시간이 점점 더 필요하게 될 거예요. 숲의 근원인 이끼와 가까이 지내다 보면 도시생활에 지친 현대인의 몸과 마음을 치유할 수 있다고 생각해요.

나 그런데 이끼 키우는 방법이나 농사짓는 법은 어떻게 배우신 건가요?

오재헌 현재로서는 한국에 이끼 선생님이 없습니다. 책도 없고요. 국립생태자원에서 나온 이끼 도감은 있습니다. 그게 다라고 할 수 있죠. 그래서 원서나 해외 자료들로 공부하고 있습니다. 미국에 있는 'Moss Acre' 이끼 농장도 참고하고 있는데, 그 회사는 모든 정보를 공개하고 있어요. 다 살펴볼 시간이 없을 정도로 해외 자료는 많습니다.

블로그도 시작하게 됐어요. 제가 공부하는 자료를 공유하다 보면 누가 지나가다 하나라도 알려주지 않겠냐는 생각으로요. 그렇게 글이 쌓이기 시작하니까 사람들이 관심을 많이 보내주더라고요. 많은 사람과 소통하고 있습니다.

그리고 이끼를 도시로 가져오기 위해 관엽식물이 우리 실내에 자리 잡게 된 과정들을 알아보고 있어요. 그 속에 배움이 있지 않을까 싶어요. 지금처럼 '정글라' 안혜진 대표님과의 연대가 많은 도움이 될 것 같아요.

나 마찬가지로 저도 많은 도움을 얻을 수 있을 것 같아요. 그럼 이끼 농장을 운영한 지 얼마나 되셨는지 또 어떻게 운영하고 계신지 궁금합니다.

오재헌 이끼에 관심을 갖게 된 지는 3~4년 됐지만, 저희가 이끼 농장을 해야겠다는 결심을 한 건 2022년 초입니다. 재배 기술이 없다 보니 네트워크를 계속 넓혀 왔죠. 2022년 5월에 땅을 구해서 농사를 시작하게 됐어요. 이끼를 식재할 때는 물이 잘 빠지고 땅이 평편해야 한다고 해요. 그래서 먼저 땅을 평편하게 다지는 작업을 했죠. 땅을 파다가 너무 깊게 파서 부랴부랴 다시 메꾸기도 했고요. 6월에는 무성하게 자란 잡초들을 다 제거하는, 소위 풀과의 전쟁을 치른 후에 방초시트*를 설치했어요.

이끼 종자를 구했을 당시에는 덥고 습한 여름이라 식재를 못하고 기다렸어요. 방초시트를 열심히 깔았는데 바람에 다 날아가서 또 새로 작업하고 그랬습니다. 우리가 종자를 심기로 한 날마다 비가 와서 3주를 그냥 보내기도 했어요. 그래서 9월 초에 처음으로 이끼 종자를 심었어요. 그런데 태풍 때문에 이끼 일부와 상토가 날아가 버려서 많이 실망했던 기억이 있습니다.

* 방초시트: 잡초 등을 방지하기 위한 목적으로 설치하는 시트

오재헌 자연이 하던 일을 인간이 하려고 하니 정말 쉽지 않더라고요. 자연 앞에서 겸손해야겠다는 생각이 들었습니다. 이끼가 뭘 원하는지 더 잘 파악해야겠더라고요. 시행착오를 계속 겪고 있지만, 가능성이 많은 초보 농사꾼이라고 생각해주세요. (웃음)

나 현재 연구 중인 이끼 종류는 몇 개나 되나요?

오재헌 10개 종류의 이끼를 키우고 있습니다. 이 이끼들을 선택한 이유는 이끼가 가지고 있는 기능 때문입니다. 이산화탄소를 줄일 수 있는 최적의 이끼를 선택했어요.

나 그럼 현재 농사짓고 있는 이끼는 언제쯤 제품화될 수 있는 걸까요?

오재헌 키워봐야 압니다. 여기까지 오면서도 이끼 선배님들이 알려주신 의견이 다 달랐어요. 1~2년에 안 될 수도 있다고 생각해요. 그래서 느긋하게 기다릴 생각입니다. 이끼가 강화도 환경이 마음에 들면 빨리 자랄 테고 그렇지 않으면 저희가 더 기다려야겠죠.

나 마지막으로 센터장님에게 이끼는 어떤 존재인가요?

오재헌 우리는 너무 오랫동안 이끼라는 작은 식물이 지구별에서 무슨 일을 해 왔는지 모르고 있었습니다. 하지만 긴 세월 동안 과소평가를 받아오던 이끼가 사실 지구 곳곳의 가장 그늘진 곳에서 놀라운 기적을 만들어 가고 있었다는 사실이 과학자들에 의해 밝혀지고 있어요.

이끼는 어울림이고 지구를 만들어주는 기초예요. 그리고 나무 잎사귀 사이로 떨어지는 부스러기 햇빛을 먹고 살기에 경쟁과는 거리가 먼 친구죠. 소식하며 고귀하게 살아가는 이끼의 모습은 너무 아름다워요. 그래서 저에게 이끼는 미학의 극치예요. 보는 것만으로도 벅차죠. 그런 이끼를 건강하게 키우고 세상에 알림으로써 우리의 삶을 조금이라도 더 이롭게 만들고 싶어요.

인터뷰 내내 센터장님의 말과 태도에는 이끼 농부의 순수한 열망이 가득했다. 이끼가 원하는 환경을 만들기 위해 오랜 시간 시행착오를 겪어왔을 터인데 힘든 기색 하나 내비치지 않으셨다. 삶이 우리 뜻대로 되지 않더라도 그 과정에서 우리가 성장하고 있다면 우리는 좋은 선택과 도전을 한 것이다. 그걸로 충분하다.

인터뷰가 끝나고 고개를 드니 강화도 질시루의 하늘이 노을로 붉게 물들고 있었다. 마치 이끼에 반해 붉어진 나의 마음처럼.

타인의 정원을 생각하는 하루

조경설계사 권영미

토요일 오후 성수동 한 카페에서 영미 씨를 기다렸다. 육아를 하는 직장인이기에 주말에 만나기가 하늘의 별 따기다. 영미 씨는 성수동에서 식물 수업을 함께 들었던 동기이자 나와 동갑내기로, 온화하면서도 순두부 같은 매력을 지니고 있다. 그러나 그 온화함 속에는 아찔한 고비들을 넘기며 묵묵히 자기 삶을 살아가는 '생존러'의 모습이 감춰져 있다. 식물생명공학과를 졸업하고 오랜 기간 조경업계에서 일하고 있는 그녀는 배울 점이 참 많은 사람이다.

저 멀리서 영미 씨가 헐레벌떡 뛰어왔다. 동생에게 딸을 맡기고 온 영미 씨를 조용한 카페 구석에 앉혔다. 둘 다 식물 이야기라면 끝도 없이 대화를 나누기에 서론 없이 본론으로 바로 들어갔다.

나 현재 영미 씨가 하는 일을 소개해주세요.

권영미 저는 조경 회사에서 조경설계사로 일하고 있어요. 직급은 차장이고, 총괄적인 일을 담당하죠. 일정 관리를 제일 많이 하고, 협의 업무와 보고 업무도 맡고 있어요. 시장 보고나 주민설명회 하는 것도 제 일이고요.

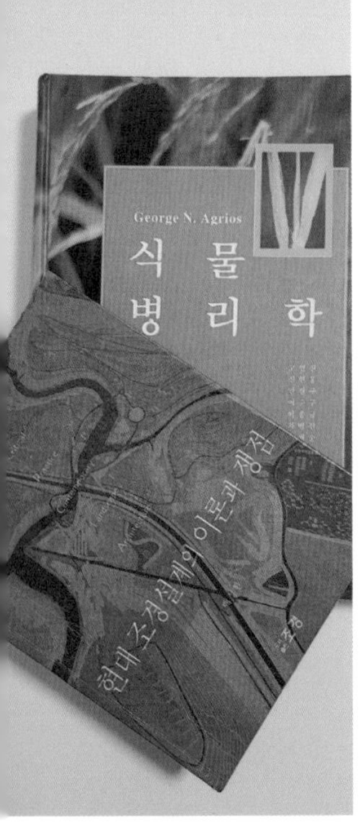

나 다른 직급의 분들은 어떤 일을 하나요?

권영미 사원이나 대리는 보통 보고서를 작성하거나 도면을 그려요. 컴퓨터 드로잉 작업을 많이 하죠. 과장 정도 되면 예산안도 작성하기 시작해요. 회사 규모나 스타일에 따라 달라질 수는 있어요.

나 이제 몇 년 차죠?

권영미 어제 경력 증명서를 뗐는데 16년이라고 나왔어요.

나 진짜 오래했네요. 자격증이 필요하죠?

권영미 네. 저는 조경기술사 자격증이 있어요. 국가자격증이고, 1인 조경 회사를 차릴 수 있는 자격이 되죠. 조경기능사, 조경산업기사, 조경기사, 조경기술사 순으로 급수가 올라가요.

조경은 생각보다 폭이 넓어서 생태 부분의 설계가 우선시되는 회사라면 자연생태복원기사 등 생태 관련 자격증을 더 우대하기도 해요.

관공서에서 조경 관련 입찰을 할 때 대부분 전문자격증을 보유한 회사가 참여할 수 있는 자격이 주어지니 자격증이 우대될 수밖에 없죠.

나 조경이나 정원에도 트렌드가 있는지 궁금해요.

권영미 몇 년 전부터 정원 관련 공모전이 생기면서 정원형 설계 트렌드가 붐을 이루고 있죠. 그러면서 일반인들도 점점 더 많은 관심을 갖기 시작하는 것 같아요. 예전에는 반듯하고 깔끔하게 전정을 잘해 놓은 형태의 정원을 선호했는데, 요즘은 자연스럽고 인위적이지 않은 정원을 더 좋아하는 경향이 있죠. 그리고 다른 조경 디자이너분들의 작업을 보면 조경 분야도 더 전문화되고 본질을 더 많이 중요시하면서 세밀해지고 있다고 느끼게 돼요.

다수 이용자를 위한 외부 공간을 조성해주는 일이 조경이라 볼 수 있는데, 광화문 광장, 한강 공원 등이 그 예죠. 이처럼 기존에 지어진 외부 공간들도 다시 리모델링으로 재탄생되는 경우가 많아졌어요. 변화하는 시대에 맞추어 트렌드를 반영하기도 하지만, 기존의 장소들은 그들만의 고유한 이야기와 역사가 있어요. 그런 곳들은 조경가가 그들의 히스토리를 담아 좀 더 고유성을 지키면서도 트렌디한 공간으로 바꾸는 거죠.

나 조경은 진짜 알면 알수록 매력적인 분야네요. 조경 설계사는 어떤 사람에게 더 적합한 직업일까요?

권영미 제가 생각하기에는 미적 감각이 뛰어나면서 그림을 잘 그리거나 캐드 같은 관련 프로그램을 잘 다루면 유리하다고 할 수 있어요. 하지만 무엇보다 조경 일을 정말 좋아하는 사람이어야 오래 일할 수 있어요. 지금까지 16년 이상 할 수 있었던 건 먹고살아야 해서도 있지만, 가장 큰 이유는 조경이랑 식물을 굉장히 좋아해서 놓을 수 없었던 것 같아요. 이런 분야의 업무 환경이 그렇잖아요. 다른 직업도 마찬가지겠지만, 신입 사원들이 버텨내기가 쉽지 않아요. 진짜 좋아하는 일이어야 그나마 좀 버텨내는 힘이라도 생기죠. 일에 대한 자부심 하나로 돈은 조금 덜 받더라도 포기하지 않고 지금까지 지속적으로 커리어를 쌓아올 수 있었어요.

나 현재 다니는 조경 회사는 어떤 일을 주로 하나요?

권영미 국가가 관리하는 공원, 일반 아파트나 건물, 학교와 공공기관의 조경 시공을 해요. 허가부터 설계 단계까지 모든 과정을 진행하는 회사죠. 이전 직장은 몇 백명이 함께 있는 엔지니어링 회사였어요. 물론 배울 점도 많고 좋은 상사와 동료도 많았어요. 하지만 따라야 하는 회사 방침이 많다보니 직원들과는 수직적인 관계로 일했어요. 그래서 조금 경직된 분위기였죠.

지금은 마음이 잘 맞는 몇 명의 사람들이 모여서 수평적으로 일하는 좀 더 편안한 분위기의 회사예요. 제 생각이나 의견을 더 자유롭게 표현할 수 있어서 좋고요. 부딪히는 일도 많아지고 스스로의 한계가 느껴질 때도 있지만, 그걸 넘어서면 또 다른 배움이 있더라고요. 팀원들끼리 서로 부족한 부분을 채워주거나 발전할 수 있게 도움을 주고 있어서 자신감을 가지고 일을 진행해 가고 있어요.

나 연령대는 비슷한가요?

권영미 저희 같은 경우는 20대부터 50대까지 다양해요. 나이가 많은 분들은 배움에 대한 갈증이 커서 항상 뭘 배우려고 하세요. 일 관련해서는 특히 더 배우려는 자세로 임하세요. 그래서 상하 관계없이 서로가 잘하는 분야를 인정하는 분위기예요.

나 일하면서는 언제 가장 힘들었나요?

권영미 어느 직종이나 비슷하겠지만, 육아휴직을 내기 직전과 직후였던 것 같아요. 일하면서 육아를 한다는 게 쉽지 않잖아요. 아이가 6개월일 때 복귀를 했는데, 그 시기는 엄마의 손을 많이 필요로 하는 시기잖아요. 육아와 일을 병행한다는 게 참 힘들었죠.

나 힘든 직장 생활을 어떻게 버텨냈는지 궁금해요.

권영미 아이를 키워야 하니까 사실 금전적인 부분도 버텨야 되는 이유가 되더라고요. 지금까지 해온 게 조경뿐이기도 했고요. 새로운 일을 하면 리스크가 있으니까 감당할 자신도 없었어요.

그런데 육아와 일을 병행하니까 점점 내 삶이 없어지고 그러면서 회의감이 들었어요. 하지만 마음을 바꾸어 달리 생각했어요. 내가 일을 계속하기 위해서라도 스트레스를 줄이고 내가 관심 있는 분야의 일을 좀 더 배워보자고 말이죠. 그래서 인테리어와 플랜테리어를 배우러 다녔어요. 제가 하는 조경 업무가 실외 공간을 다루다 보니 반대로 실내 공간을 알고 싶다는 갈망도 있었거든요. 자연스럽게 인테리어에도 관심이 갔던 거죠. 또 이 일을 오래 하기 위해서는 식물을 좋아해야 할 것 같아서 플랜테리어 수업을 들었는데요. 수업이 끝나고 나서 깨달았어요. 제가 이미 식물을 많이 좋아하고 있다는 사실을요.

나 마지막 질문이에요. 조경설계사로 더 성장하고 싶은 방향이나 하고 싶은 게 있어요? 직접 운영해볼 수도 있잖아요.

권영미 회사 내에서 제가 하고 싶은 프로젝트를 직접 계획해서 추진하고 싶어요. 제가 전달하고 싶은 메시지로 설계하는 거죠. 그러려면 더 많이 배워야 한다고 생각해요. 그래서 틈틈이 공부하고, 많은 사람의 작품을 보고 느끼려고 해요.

물론 제가 운영자가 될 수도 있겠죠. 저희 소장님이 저지르면 다 하게 된다는데 전 아직 겁이 나네요. 아기도 어리고 오늘 하루를 무사히 보내는 것도 쉽지 않아서 마음의 여유가 없나 봐요. 평일에는 퇴근하고 집에 와서 아이 재우기 바쁘다 보니 주말이라도 아이와 시간을 충분히 보내고 싶어서 밖으로 나가거든요. 아이가 더 크면 저도 도전해봐야죠.

인터뷰가 끝나고 10분이 채 안 돼서 영미 씨를 찾는 전화가 오기 시작했다. 주말에도 육아에서 자유로울 수 없는 엄마인데 나를 만나주어 또 한 번 고마웠다. 늘 만남이 짧아 아쉽지만 누구보다 엄마로서 조경인으로서 고군분투하며 성장해 가는 모습을 보니 존경스러웠다. 차 한잔 너머로 마음을 주고받을 다음 만남이 또 기대가 된다.

왼손에는 꽃,
오른손엔 식물

식물리에 김경아

온몸이 꽁꽁 얼어붙는 듯한 12월 오후 작은 카페에 앉아 인터뷰를 시작했다. 경아 씨도 식물 수업을 같이 들은 동기다. 그 당시에 경아 씨는 대기업을 퇴사한 직후였다. 거기서부터 이야기를 시작하기로 했다.

나 퇴사를 결심하게 된 계기는 뭐였어요?

김경아 저는 회사 생활이 재미없지는 않았는데 미래가 안 보였어요. 미래에도 이 자리에 있는 걸 상상하니 이건 아니다 싶어서 그만뒀죠. 제 주변에 퇴사한 사람들이 많은데 성향은 다 다른 것 같아요. 저는 책상에만 앉아서 일을 하는 게 답답했는데, 저랑 같은 시기에 퇴사한 동기들은 다른 회사로 이직해서 잘 다니고 있어요. 회사 못 다니겠다는 소리를 하는 친구들도 보통 이직을 하지, 우리처럼 자영업을 하는 사람은 거의 없어요.

나 회사를 그만둘 때는 구체적인 계획이 있었는지 궁금해요.

김경아 좋아하는 일이 많아서 다양한 걸 배우고 싶었어요. 그런데 제가 누군가로부터 무엇인가를 배우려 하는데, 나이가 서른 넘으면 가르치거나 채용하는 사람이 부담스러워할 수 있잖아요. 그래서 스물 아홉에 퇴사를 했어요. 물론 아무 준비도 없이 바로 그만둔 건 아니에요. 회사를 다니면서 집 근처에서 하는 식물 기초반 수업과 화훼장식기능사 준비반 수업을 들었어요. 꽃집 창업을 원한 건 아니어서 창업반이나 전문가 수업은 들은 적 없어요.

나 현재 하고 있는 일을 소개해주세요.

김경아 저는 '식물리에'라는 공방을 운영하고 있어요. 제가 좋아하는 식물로 제가 하고 싶은 다양한 일을 도전해보는 곳이죠. 취미로 식물과 꽃을 시작하고 싶은 분들을 위해 수업을 진행하고 있고요. 여름에는 공간 대여도 열심히 했어요. 종종 의

뢰를 받아 식물 키트를 제작해서 판매도 하고 있어요.

코로나19가 유행할 때는 키트를 직접 만들어보는 출강 수업이 어려워져서 유튜브에 영상으로 제작 방법을 남겨두기도 했어요. 키트 양이 많을 때는 너무 힘들긴 하지만 즐겁게 포장했던 기억이 있어요.

나 웨딩플라워 현장에서도 일하고 있죠?

김경아 맞아요. 웨딩플라워 작업에 참여하고 있는데요. 웨딩플라워는 현장에서 배웠어요. 값진 경험이죠. 작업 현장에서 일어나는 다양한 변수를 직접 겪으면서 배우니까 오히려 일을 더 빨리 배우게 된 것 같아요. 머리로만 배우는 게 아니라 온몸으로 배운 거죠. 꽃을 예쁘게 잘 만지는 거랑 현장의 일은 또 다르니까요.

나 웨딩플라워 일은 어떻게 시작하게 됐어요?

김경아 규모가 좀 큰 일에 도전해보고 싶었고, 꽃다발을 만드는 일보다는 스타일링 하는 일에 관심이 생겨서 구인 광고를 보고 지원했어요. 경력은 없었지만 면접에 합격하여 일을 하게 됐죠. 운이 좋았어요. 처음 일을 시작했을 때는 고생을 많이 했어요. 몸이 많이 힘들었죠. '어떻게 하면 덜 힘들고 빨리 잘할 수 있을까'를 고민하며 방법을 찾다 보니 손이 점점 빨라졌어요.

나 공방을 운영하면서 아쉬운 점도 있을 것 같아요.

김경아 몸을 너무 막 썼어요. 차 없이 버스와 지하철로 다니면서 캐리어에 토분을 욱여넣어 사오고 백팩에 돌자루를 넣어 사오고 그랬거든요. 지금은 후회해요. 차를 더 일찍 살걸. 다른 경험들은 시행착오라 생각하는데 몸은 이미 아프고 상했잖아요. 너무 미련했죠.

그리고 제가 경영학 전공이라 마케팅과 경영전략 등 많은 과목을 배웠는데 정작 제 사업에는 적용하지 못했어요. 식물리에를 더 좋은 브랜드로 정착시킬 수 있었을 텐데 주먹구구식으로 생각하고 일해온 게 안타까워요. 내가 좋아하는 가치를 더 영향력 있게 전달하지 못한 것 같아요. 그리고 제가 하고 싶은 게 많다 보니 식물리에 공간을 가지게 되면서 다 해보고 싶었나봐요. 작은 소품도 팔고 엽서도 만들고 하다 보니 잡상인처럼 운영이 되었던 것도 있어요. 식물에 집중하지 못하고 너무 산만했죠. 쉽게 생각했나 봐요. 식물업을 취미와 직업의 사이에 두었던 것 같아요.

나 초기 사업자들이 겪는 비슷한 시행착오인 것 같아요. 그래도 식물을 쉽고 친근하게 생각했으니까 저지를 수 있었죠. 식물 일이 어려워 보였으면 우리는 시작도 못했을걸요.

김경아 맞아요. 되돌아보면 무서워서 못 저질러 본 것들도 있어요.

나 나무의사 자격증 시험도 준비 중이라고 했죠? 나무의사는 어떤 일을 하는 건가요? (그녀는 인터뷰 후 시험에 합격하여 나무의사가 되었다.)

김경아 나무의사는 주로 생활권 수목의 병을 치료하는 사람이에요. 2023년부터는 법이 개정되면서 나무의사가 등록이 돼 있는 1종 나무병원에서만 방재 사업을 할 수 있어요. 조경회사가 이 일을 하려면 나무의사 자격증이 있는 사람을 채용해야 해요. 그게 아니면 외주를 통해서만 할 수 있는 거죠.

나 나무의사로 어떤 일을 하고 싶어요?

김경아 나무의사로서 나무 치료뿐 아니라 인문학적 활동을 해보려고 합니다. 나무의사와 숲해설가로서 나무와 사람의 마음을 함께 엮는, 따뜻한 일들을 해나가려고 해요. 식물리에, 응원 많이 부탁드려요.

내가 지금까지 본 경아 씨는 하고 싶은 게 있거나 궁금한 게 있으면 꼭 해보는 사람이다. 2022년 여름, 경아 씨는 플로리스트 여러 명과 공동 전시를 열기도 했다. 내 한 몸 오르기도 가파른 오르막길을 올라 전시장에 도착하니 은밀하고 몽환적인 숲이 펼쳐졌다. 얼마나 꽃을 좋아하면 이런 꽃 노동을 하는 걸까 생각했다. 아름다운 것은 쉬이 오지 않는다. 꽃과 식물을 만지는 나무의사가 된 경아 씨를 상상해보니 숲속의 귀여운 다람쥐가 떠오른다. 늘 새로운 도전을 두려워하지 않는 사람이 곁에 있으니 나도 함께 성장하게 된다.

브랜딩은 B선생님께 배웠습니다

나는 1인 창업가다. 내가 제대로 사업을 하고 있는 건지 올바른 방향으로 가고 있는 건지 장담할 수 없다. 사업 고수에게 물어보면 정답을 알려줄 수도 있겠지만, 안타깝게도 내 주변에 1인 창업이나 스타트업으로 성공한 사람이 없어 책이나 다른 매체를 통해 배워가고 있다.

창업 후에 혼자 브랜딩 공부를 시작했다. 유튜브와 책, 팟캐스트가 내 선생님이었다. 브랜딩 공부는 의외로 재밌었다. 지금도 여러 브랜드의 이야기나 대표의 인터뷰를 들으면 귀가 쫑긋한다. 가장 많은 도움을 받은 곳은 'B Cast'라는 팟캐스트다. 브랜드 다큐멘터리 잡지 〈매거진 B〉에서 운영하는 채널이다. 팟캐스트 채널만 들어도 동기 부여가 돼서 차로 이동하는 동안 자주 들었다. 비즈니스인으로서 기본 마음가짐을 다잡고 싶을 때 어김없이 찾게 된다.

B

좀 건방질 수는 있지만 B Cast의 백여 개의 에피소드를 반복해서 듣다 보니 한 문장으로 좁혀졌다.

> '남이 좋아하는 것 말고, 내가 좋아하는 것을 꾸준히
> 아주 깊게 파고들어서 그것을 브랜드로 만들면 된다.'

'정글라'를 시작하고 나서 내면의 갈등을 겪을 때마다 이 말을 되새긴다. 마음먹은 대로 잘되지 않고 입금해주는 사람(고객)의 마음대로 흘러갈 때가 더 많다. 그래도 저 말을 잊지 않으려고 노력한다. 이번 달은 내가 이 일로 바쁘지만 다음 달부터는 내가 하고 싶었던 프로젝트를 꼭 하겠다는 다짐.

지금의 책 집필도 내가 좋아하는 것을 꾸준히 파고들어 브랜드를 만들어 가겠다는 다짐을 지키는 과정이다. 책 쓸 시간에 홍보해서 수업을 하나라도 더 개설하고, 사람들이 좋아하는 분위기의 식물 사진을 올려서 비싸 보이는 식물 수업으로 마케팅을 하면 훨씬 돈이 될 수도 있다. 하지만 나는 사람들이 독서를 가장 안 하는 디지털 시대에 책이라는 걸 쓰고 있다. 심지어 식물 키우는 사람은 극소수인데 식물 관련 책을 쓰고 있다. 하지만 내가 좋아하니까. 그거면 충분하다.

나는 단지 식물이 좋다는 이유 하나로 이 일에 뛰어들었다. 식물을 통해 발견한 식물의 유익함과 내 삶의 여러 변화를 자세하고 다양하게, 무엇보다 꾸준히 알리고 싶다.

작은 식물 하나로도 서로의 삶을 구석구석 들여다볼 수 있다. 식물은 마음을 열고 삶을 나누게 하는 힘이 있다. 식물을 통해 사람들과 공감하고 삶을 나누고 싶다.

사적인 공간부터 공적인 공간에 이르기까지 그 공간과 사람에게 걸맞는 식물이 필요하다. 식물과의 공존을 시작하면 왜 식물이 여기에 있어야 하는지 고민해야 하는 때가 오기 마련이다. 나는 '정글라'를 통해 이러한 고민을 함께 하고 싶다.

내가 비즈니스 브랜딩을 할 때마다 내 삶도 같이 브랜딩되고 있다. 삶과 비즈니스는 결국 하나라고 한 'B선생님'의 말씀이 맞다. 결국 나는 나에게 주어진 공간과 영역에서 내 취향이 뚜렷하게 드러나는 식물과 함께 궤적을 넓혀가려 한다. 그러다 보면 내 삶의 지경이 차차 넓혀지리라 믿는다. 물론 좋아하는 일을 택한 대가로 불안정한 수입이 항상 나를 잊지 않고 찾아온다. 하지만 식물을 키우며 발견하는 새로운 가능성이 주는 반복적인 기쁨은 불안정한 일상을 초월하게 만든다. 그것이 식물이 가진 힘이다.

어쭈구리 식물 좀 하네

2023년 7월 초판 1쇄

지은이 안혜진

기획 김경민
디자인 강소연
펴낸곳 (주)넷마루

주소 08380 서울시 구로구 디지털로33길 27, 삼성IT밸리 806호
전화 02-597-2342 **이메일** contents@netmaru.net
출판등록 제 25100-2018-000009호

ISBN 979-11-982171-4-1 (03480)